基于双重预防机制的
山东境内南水北调东线一期典型工程
安全运行管理工作指南

水利部南水北调规划设计管理局
南水北调东线山东干线有限责任公司 ◎ 编著

河海大学出版社
HOHAI UNIVERSITY PRESS
·南京·

图书在版编目(CIP)数据

基于双重预防机制的山东境内南水北调东线一期典型工程安全运行管理工作指南 / 水利部南水北调规划设计管理局，南水北调东线山东干线有限责任公司编著. 南京 ：河海大学出版社，2024. 10. -- ISBN 978-7-5630-9346-5

Ⅰ. TV68-62

中国国家版本馆 CIP 数据核字第 2024SU6454 号

书　　名　基于双重预防机制的山东境内南水北调东线一期典型工程安全运行管理工作指南
JIYU SHUANGCHONG YUFANG JIZHI DE SHANDONG JINGNEI NANSHUIBEIDIAO DONGXIAN YIQI DIANXING GONGCHENG ANQUAN YUNXING GUANLI GONGZUO ZHINAN

书　　号　ISBN 978-7-5630-9346-5

责任编辑　彭志诚

特约编辑　管　彤

特约校对　薛艳萍

装帧设计　槿容轩

出版发行　河海大学出版社

地　　址　南京市西康路 1 号(邮编:210098)

网　　址　http://www.hhup.cm

电　　话　(025)83737852(总编室)　(025)83722833(营销部)
(025)83787769(编辑室)

经　　销　江苏省新华发行集团有限公司

排　　版　南京布克文化发展有限公司

印　　刷　广东虎彩云印刷有限公司

开　　本　787 毫米×1092 毫米　1/16

印　　张　6.75

字　　数　152 千字

版　　次　2024 年 10 月第 1 版

印　　次　2024 年 10 月第 1 次印刷

定　　价　58.00 元

编 委 会

主　编：王宁新　周韶峰　高德刚　张长江

副主编：王淑澎　佟昕馨　张慧清　常　青　赵庆贵

参　编：孙庆宇　董卫军　赵　超　李东奇　张佳一

魏晓燕　邢会颖　谢冰波　刘学钊　赵广路

王姗姗　徐海军　吕成熙　孟　可　翟庆民

刘晓娜　李永增　吕平安　马国锋　李文娜

郭学博　井　园　葛立顺　李　佳

前言

Preface

南水北调工程是党中央、国务院决策实施的优化我国水资源配置、缓解北方水资源严重短缺局面、实现经济社会可持续发展的重大战略性基础设施。南水北调工程是我国兴建的超大型跨流域，世界上规模最大的调水工程，为国之重器。南水北调东线一期山东段工程主要为缓解山东半岛和鲁北地区城市缺水问题，并兼顾向河北、天津应急供水任务。山东境内规划为南北、东西两条输水干线，全长 1 191 km，其中南北干线长 487 km，东西干线长 704 km，形成“T”字形输水大动脉和现代水网大骨架，南水北调山东干线工程点多线长、涉及的行政区域众多，建筑物类型全面、结构型式多样、设施设备种类繁多。工程的安全平稳运行是保障东线工程有序、持续发挥效益的必要条件，也能为加快构建国家水网工程，实现“系统完备、安全可靠，集约高效、绿色智能，循环通畅、调控有序”的目标提供有力保障。

针对南水北调东线一期山东境内工程运行安全领域“认不清、想不到”的突出问题，水利部南水北调规划设计管理局与南水北调东线山东干线有限责任公司共同研究提出了适合基于“双重预防机制”的东线山东境内工程安全运行管理工作指南。结合不同类别典型工程的安全运行管理，通过现场调研、跟踪调查，研究安全运行管理关口前移，从隐患排查治理前移到安全风险管控，以达到提高风险意识、强化管控措施、健全风险防范机制之目的，抓住关键环节，防范和化解潜在安全风险，防止安全风险演变为事故隐患、隐患未得到及时排查治理而演变成事故，将风险控制在可接受的水平，确保南水北调东线山东境内工程安全平稳运行。融合水利部提出的安全生产风险管控“六项机制”建设工作，依据风险管理理念，结合南水北调工程特点，提出风险查找识别、研判、预警、防范、处置、责任等全链条管控工作的方法，科学系统地分析工程所面临的威胁及其存在的脆弱性，为最大限度地保障工程安全运行提供科学依据和操作指南，最终系统守牢南水北调工程安全稳定运行的底线。

由于时间仓促，书中难免存在不当之处，敬请读者批评指正。

编者

2024 年 7 月

目录

Contents

引　言 …… 001

1　适用范围 …… 007

2　规范性引用文件 …… 011

3　术语和定义 …… 015

3.1　风险 …… 017

3.2　可接受风险 …… 017

3.3　危险源 …… 017

3.4　危险源及风险辨识 …… 018

3.5　风险区域 …… 018

3.6　风险评价 …… 018

3.7　风险、隐患信息 …… 018

3.8　事故隐患 …… 018

3.9　隐患排查 …… 019

3.10　隐患治理 …… 019

3.11　水利工程安全鉴定 …… 019

4　基本要求 …… 021

4.1　组织机构与职责 …… 023

4.2　教育培训 …… 023

4.3　融合管理 …… 023

5　风险识别与管控 …… 025

5.1　风险区域确定 …… 027

5.2　危险源辨识(融合查找机制及防洪防汛任务) …… 028

5.3　风险评价(融合研判机制等) …… 045

5.4　风险分级控制及措施(融合防范机制) …… 047

5.5　安全风险告知(融合预警机制) …… 050

5.6　分级管控的效果 …… 050

5.7 动态管控风险 …… 051

6 事故隐患排查与治理 …… 053
6.1 隐患分级 …… 055
6.2 分类 …… 055
6.3 编判排查项目清单 …… 056
6.4 排查实施及标准 …… 057
6.5 隐患的检查和治理(安全监测数据的整编和分析报告) …… 059
6.6 隐患治理验收 …… 060
6.7 事故隐患的报告和统计分析 …… 061
6.8 工程平稳安全运行管理及效果 …… 062

7 信息化、智慧化管理 …… 063
7.1 信息化管理 …… 065
7.2 智慧化管理(数智化、数字孪生技术应用等) …… 065

8 档案文件管理及动态分析调整 …… 067
8.1 档案文件管理 …… 069
8.2 动态分析调整 …… 069

9 持续创新与展望 …… 071
9.1 总结评审 …… 073
9.2 更新与创新 …… 073
9.3 交流与沟通 …… 074

附录 A-1 某水库风险分级及管控成果表 …… 075
附录 A-2 某水库隐患排查(台账)成果表 …… 080
附录 B-1 某泵站危险源辨识评价成果表 …… 085
附录 B-2 某泵站风险分级及管控成果表 …… 086
附表 C 隐患排查计划表 …… 089
附表 D 南水北调东线山东干线工程安全事故隐患检查表 …… 091
附录 E 水利工程运行管理生产安全重大事故隐患清单指南(2023 版) …… 094
附录 F 风险辨识评价方法 …… 095

参考文献 …… 099

引　言

一、法规依据

笔者在国家、行业相关的法规文件和标准的基础上，针对南水北调山东干线典型调水工程（重点为平原水库、泵站、水闸及渠道等）安全运行管理体制、机制，进一步分析南水北调东线一期工程运行管理的相关法规，结合南水北调东线山东境内一期工程安全运行管理实际，对基于双重预防机制的山东境内南水北调东线一期典型工程安全运行管理，展开相关的现场调查研究工作，并编制本指南。

结合制度与技术标准（包括地方和有关行业相关技术标准和规范性文件等），围绕风险动态评估的适用范围、责任主体、动态评估制度、风险等级划分标准、基本程序与组织、工作内容、全链条风险管控措施与对策等方面进行系统全面的梳理，形成针对东线一期山东境内典型工程不同特点和各类风险，操作性强、分级归类管理的南水北调工程安全的全链条风险防范体系和长效机制。

安全风险分级管控和隐患排查治理是生产经营单位安全生产管理过程中的一项法定工作。《中华人民共和国安全生产法》第四条规定：生产经营单位必须遵守本法和其他有关安全生产的法律、法规，加强安全生产管理，建立健全全员安全生产责任制和安全生产规章制度，加大对安全生产资金、物资、技术、人员的投入保障力度，改善安全生产条件，加强安全生产标准化、信息化建设，构建安全风险分级管控和隐患排查治理双重预防机制，健全风险防范化解机制，提高安全生产水平，确保安全生产。

第四十一条规定：生产经营单位应当建立安全风险分级管控制度，按照安全风险分级采取相应的管控措施。

生产经营单位应当建立健全并落实生产安全事故隐患排查治理制度，采取技术、管理措施，及时发现并消除事故隐患。事故隐患排查治理情况应当如实记录，并通过职工大会或者职工代表大会、信息公示栏等方式向从业人员通报。

二、国内外安全生产“双重预防机制”安全管理发展情况

1. 国外风险管控工作发展现状

目前，国外安全管理研究的新发展有安全管理战略性研究、安全风险管控及隐患根治技术性研究、安全文化、培训干预管理、经济决策度量指标等方面。

20 世纪中叶，美国开始研究洲际弹道导弹，发展了系统安全工程和系统安全管理研究，研究如何把事故隐患消灭在产品的设计和研究之中，把安全工作推进到一个新的阶段。

日本在借鉴美国安全管理经验的同时，根据本国特点进行创新发展，创造了许多新的安全技术和安全管理方法，比如提倡“无灾运动”“安全卫生周”，实行“确认制”“标准化作业”，开展各种类型的安全管理小组活动等，把日本的安全管理推进到世界领先水平。

2. 国内风险管控工作的开展状况

中华人民共和国成立之后，安全管理工作被提上了议事日程，经过几十年的努力，我国陆续出台了许多综合的、全面的、适用范围广泛的基本法及安全方面的法规和标准，使我国逐渐拥有一个较为完整的生产安全及职业健康法律法规体系。

2019年以来，我国承建的老挝、缅甸、泰国等东南亚国家的水利水电工程，在施工和运管阶段都引进了安全生产“双重预防体系”安全管理机制，其效果良好且受到了当地政府和相关部门的好评与称赞。

安全风险分级管控和隐患排查治理双体系最终目的是要为企业进行隐患排查治理、降低企业风险，所以，本研究旨在强化落实安全风险分级管控和事故隐患排查治理的主体责任，督促各管理单位建立健全安全生产风险分级管控和安全事故隐患排查治理长效机制，规范安全事故隐患排查治理行为，推进事故预防工作的科学化、标准化、信息化管理，实现安全生产风险有效自辨自控、事故隐患及时排查治理，防止和减少生产安全事故，实现安全生产和企业的安全发展。

三、安全生产“双重预防机制”理论研究发展情况

国外关于安全问题的研究著作和文献以美国和欧洲国家居多。目前，国际上有代表性的事故模式理论有数十种。比如，以法默和查姆勃为代表的事故频发倾向理论、以科尔为代表的社会环境理论等单因素理论，以海因里希为代表的因果连锁理论、博德为代表的管理失误连锁理论等事故因果链理论；熊本教授和小亨利厄斯特为代表的流行病学理论；以吉布森、哈登为代表的能量意外释放理论，以及轨迹交叉理论、瑟利模型及其扩展、P理论、事故致因突变理论等为代表的系统安全理论。

人类“钻木取火”的目的是利用火，如果不对火进行管理，火就会给使用火的人们带来灾难。公元前27世纪，古埃及第三王朝在建造金字塔时，花20年的时间组织10万人开凿地下甬道和墓穴及建造地面塔体，对于如此庞大的工程，生产过程中没有管理是不可想象的。在古罗马和古希腊时代，维护社会治安和救火的工作由禁卫军和值班团承担。12世纪，英国颁布了防火相关法令，17世纪颁布了《人身保护法》，安全管理有了自己的内容。

20世纪末，随着现代制造业和航空航天技术的飞跃发展，人们对职业安全卫生问题的认识也发生了很大变化，安全生产成本、环境成本等成为产品成本的重要组成部分，职业安全卫生问题成为非官方贸易壁垒的利器。在这种背景下，“持续改进”“以人为本”的安全健康管理理念逐渐被企业管理者所接受，以职业安全健康管理体系为代表的企业安全生产风险管理思想开始形成，现代安全生产管理的内容更加丰富，现代安全生产管理理论、方法、模式以及相应的标准、规范更成熟。现代安全生产管理理论、方法、模式是20世纪50年代进入我国的。20世纪60—70年代，我国开始吸收并研究事故致因理论、事故预防理论和现代安全生产管理思想。

20世纪80—90年代，我国开始研究企业安全生产风险评价、危险源辨识和监控，我国一些企业管理者尝试安全生产风险管理。20世纪末，我国几乎与世界工业化国家同步，研究并推行了职业安全健康管理体系。进入21世纪以来，我国提出了系统化企业安全生产风险管理的理论雏形，该理论认为企业安全生产管理是风险管理，管理的内容包括：危险源辨识、风险评价、危险预警与监测管理、事故预防与风险控制管理以及应急管理。该理论将现代风险管理完全融入安全生产管理之中。

我国学者对安全生产管理问题的研究偏重于技术性研究，偏重于一般概念下的事故研究，偏重于事故一般性管理对策的研究，而对重大危险源辨识研究基本处于初始阶段。与此同时，国家设立了安全管理科研机构，大学安全管理学科、安全系统工程学科等，我国的安全管理及职业健康管理体系日趋完善。

安全生产"双重预防机制"在安全风险管控"六项机制"及"安全生产标准化"等工作中都有明确的体现和重要环节。

四、开展安全运行管理研究的原则

南水北调东线一期山东境内(典型)工程安全风险防范机制研究，以"风险管理防范理论和南水北调工程安全运行"为基础，以"安全风险动态防范"为导向，以"构建水利安全生产风险管控'六项机制'实施意见"为基本思路，进行系统分析和深入研究，最终形成能够充分体现南水北调工程安全风险防范特征，涵盖安全风险动态态势感知、评估与综合预警、防范机制为一体的全方位的安全风险防控机制框架，为防范和化解南水北调工程安全风险实施提供依据和建议。具体原则遵循如下：

(1) 针对性。密切结合东、中线一期工程的工程特点和实际情况开展研究，做到有的放矢，将风险管理理论和现有安全管理理论相结合。尽量使已有成果得到有效利用，避免重复性工作。

(2) 实用性。建立的风险防范机制、提出的风险评估技术标准可以规范和指导南水北调东、中线一期工程以及中线水源工程动态化风险评估工作，构建的全链条风险防御体系应具有可操作性。

(3) 可操作性。工作指南内容要有实际操作性，符合本单位的具体情况，能够对本单位的安全管理工作有实际效果和提升作用等。

(4) 前瞻性。将开展风险管控工作作为工程运行标准化、现代化管理的重要内容，纳入数字孪生供水、数字孪生水利工程建设，完善预报、预警、预演、预案功能，积极运用信息化手段提升风险管控水平，提升风险监管工作规范化、精准化水平。

五、有机融合"安全生产标准化"和"六项机制"等安全工作体系

根据工程实际情况，采取现场调研、收集相关资料、数据，系统分析整理，适时研讨论证，并融合"安全生产标准化""六项机制"建设等相关工作。结合"六项机制"建设工

作，特别是“查、研、预、防”四项环节做好对接，重点做好对“查”出的风险区域，针对性研究对应“预、防”的实用性和工作的指导性。南水北调东线一期山东工程安全风险具有不同特征，有些是结构性的，有些是系统性的，有些风险是突发性的，还有些风险是长期性的。因此，重大风险的防范和化解是一个复杂的系统工程，要在双重预防体系建设的基础上，分类施策，即在压实单位主体责任的同时，注重统筹协调，对不同类型风险进行分级分类指导、管理和分级分类处置，做好“精准拆弹”和风险处置，防止不同类别风险之间的相互转化和传导。同时做好典型工程工作指南与工程通用性有机融合。

结合南水北调工程已有的风险管控做法、应急预案、安全鉴定等管理办法与技术标准，借鉴水利安全生产风险管控“六项机制”、现代化工程运行管理矩阵思路，从风险动态识别更新、风险等级科学划分、风险监测监控预警提升、风险管控措施落实、应急预案健全完善、风险责任制落实等方面，构建南水北调东线一期山东境内工程安全风险长效防范机制。压实管控责任，提升风险管控能力，有效防范遏制重大风险事故，为南水北调后续工程高质量发展提供坚实的安全保障，达到实现工程、供水、水质“三个安全”的目标。

本指南研究探讨了南水北调东线山东干线有限责任公司(以下简称“干线公司”)工程安全管理中的风险分级管控和安全事故隐患排查治理体系建设,并由术语和定义、基本程序、安全风险识别评价、事故隐患排查治理、分级管控效果、档案记录、持续改进等内容组成。

本指南适用于南水北调东线山东干线工程运行管理的风险识别、评价、分级管控和事故隐患排查治理工作。

2

规范性引用文件

下列文件中的内容通过文中的规范性引用而构成本研究必不可少的条款。其中，注明日期的引用文件，仅该日期对应的版本适用于本研究；不注日期的引用文件，其最新版本(包括所有的修改单)适用于本指南。

《中华人民共和国安全生产法》

《南水北调工程供用水管理条例》

《山东省南水北调条例》

《山东省安全生产条例》

《山东省安全生产风险管控办法》

《生产过程危险和有害因素分类与代码》

《水利部关于开展水利安全风险分级管控的指导意见》

《水利工程生产安全重大事故隐患清单指南(2023年版)》

《水利水电工程(水库、水闸)运行危险源辨识与风险评价导则(试行)》

《水利水电工程(水电站、泵站)运行危险源辨识与风险评价导则(试行)》

《水利水电工程(堤防、淤地坝)运行危险源辨识与风险评价导则(试行)》

《水利血防技术规范》

《南水北调工程安全防范要求》

《职业健康安全管理体系要求及使用指南》

《风险管理 术语》

《生产过程危险和有害因素分类与代码》

《生产安全事故隐患排查治理规定》

《重大火灾隐患判定方法》

《(山东省)安全生产风险分级管控体系通则》

《建筑施工企业安全生产风险分级管控体系细则》

《工贸企业安全生产风险分级管控体系细则》

《水利工程运行管理单位安全生产风险分级管控体系细则》

《灌区工程运行管理单位安全生产风险分级管控体系实施指南》

《河道工程运行管理单位安全生产风险分级管控体系实施指南》

《水库工程运行管理单位安全生产风险分级管控体系实施指南》

《引调水工程运行管理单位安全生产风险分级管控体系实施指南》

《水利工程运行管理单位生产安全事故隐患排查治理体系细则》

《灌区工程运行管理单位生产安全事故隐患排查治理体系实施指南》

《水库工程运行管理单位生产安全事故隐患排查治理体系实施指南》

《引调水工程运行管理单位生产安全事故隐患排查治理体系实施指南》

《山东省生产安全事故隐患排查治理办法》

《水利工程运行管理单位安全生产风险分级管控体系细则》

《(山东省)生产安全事故隐患排查治理体系通则》

《山东省水利行业有限空间作业操作规程》

《山东省水利工程运行管理单位风险分级管控和隐患排查治理体系评估办法及标准(试行)》

《南水北调东线山东干线泵站工程管理和维修养护标准》

《南水北调东线山东干线渠道工程管理和维修养护标准》

《南水北调东线山东干线水库工程管理和维修养护标准》

其他安全生产相关法规、标准、政策以及相关管理制度等。

3

术语和定义

3.1 风险

风险是指生产安全事故或健康损害事件发生的可能性和严重性的组合。可能性，是指事故(事件)发生的概率。严重性，是指事故(事件)一旦发生后，将造成的人员伤害和经济损失的严重程度。

常用的风险计算方式之一：风险＝可能性×严重性。

3.2 可接受风险

可接受风险是指根据企业法律义务和职业健康安全方针已被企业降至可容许程度的风险。

3.3 危险源

危险源是指可能导致伤害和健康损害的来源。

注：引自《职业健康安全管理体系要求及使用指南》(GB/T 45001—2020)。

危险源是一个系统中具有潜在能量和物质释放危险的、可造成人员伤害，在一定的触发因素作用下可转化为事故的部位、区域、场所、空间、岗位、设备及其位置。

注1. 危险源三要素：

(1) 潜在危险性：危险源的潜在危险性是指一旦触发事故，可能带来的危害的程度或损失大小，或者说危险源可能释放的能量强度或危险物质量的大小。

(2) 存在条件：危险源的存在条件是指危险源所处的物理、化学状态和约束条件状态。

(3) 触发因素：触发因素不属于危险源的固有属性，但它是危险源转化为事故的外因，而且每一类型的危险源都有相应的敏感触发因素。

注2. 危险源的构成：

(1) 根源：具有能量或产生、释放能量的物理实体。如机械设备、电气设备、压力容器等。

(2) 行为：决策人员、管理人员以及从业人员的决策行为、管理行为以及作业行为。

(3) 状态：包括物的状态和作业环境的状态。

注3. 重大危险源是指长期地或者临时地生产、搬运、使用或者储存危险物品，且危险物品的数量等于或者超过临界量的单元(包括场所和设施)。

水电站、泵站工程运行重大危险源是指在水电站、泵站工程运行管理过程中存在的，可能导致人员重大伤亡、健康严重损害、财产重大损失或环境严重破坏，在一定的触发因素作用下可转化为事故的根源或状态。(水利部关于印发《水利水电工程(水电站、泵站)运行危险源辨识与风险评价导则(试行)》中的定义)。

水库、水闸工程运行重大危险源是指在水库、水闸工程运行管理过程中存在的，可能导致人员重大伤亡、健康严重损害、财产重大损失或环境严重破坏，在一定的触发因素作用下可转化为事故的根源或状态。（水利部关于印发《水利水电工程（水库、水闸）运行危险源辨识与风险评价导则（试行）》中的定义）。

堤防、淤地坝工程运行重大危险源是指在堤防、淤地坝工程运行管理过程中存在的，可能导致人员重大伤亡、健康严重损害、财产重大损失或环境严重破坏，在一定的触发因素作用下可转化为事故的根源或状态。（水利部关于印发《水利水电工程（堤防、淤地坝）运行危险源辨识与风险评价导则（试行）》中的定义）。

注4. 在分析生产过程中对人造成伤亡、影响人的身体健康甚至导致疾病的因素时，危险源可称为危险有害因素，分为人的因素、物的因素、环境因素和管理因素四类。

3.4 危险源及风险辨识

危险源辨识是识别危险源的存在并确定其分布和特性的过程。

风险辨识是识别组织整个范围内所有存在的风险并确定其特性的过程。

风险是危险源的属性，危险源是风险的载体。

3.5 风险区域

风险区域是指风险伴随的设施、部位、场所和区域，以及在设施、部位、场所和区域范围实施的伴随风险的作业活动，或它们的组合。

注：亦称为风险单元或危险源辨识单元。

3.6 风险评价

危险源风险评价是对危险源在一定触发因素作用下导致事故发生的可能性及危害程度进行调查、分析、论证等，以判断危险源风险程度，确定风险等级的过程。

注：引自《风险管理 术语》(GB/T 23694—2013)4.7.1 对比风险分析结果和风险准则，以确定风险和/或其大小是否可以接受或容忍的过程。

3.7 风险、隐患信息

风险信息是指包括危险源名称、类型、存在位置、当前状态以及伴随风险大小、等级、所需管控措施等一系列信息的综合。

隐患信息包括隐患台账、隐患名称、位置、状态描述、可能导致的后果及其严重程度、治理目标、治理措施、职责划分、治理期限等信息的总称。

3.8 事故隐患

事故隐患是指企业违反安全生产、职业卫生法律、法规、规章、标准、规程和管理制度的规定，或者因其他因素在生产经营活动中存在可能导致事故发生或导致事故后果扩大的物的危险状态、人的不安全行为和管理上的缺陷。

3.9 隐患排查

隐患排查是指组织安全生产管理人员、工程技术人员、岗位员工以及其他相关人员根据国家安全生产法律法规、标准规范和企业规章制度，采取一定的方式和方法，对本单位的人员、作业、设备设施、物料、环境和管理等要素进行逐项检查，对照风险分级管控措施的有效落实情况，对本单位的事故隐患进行排查的工作过程。

3.10 隐患治理

隐患治理是指消除或整改治理隐患的活动或过程。

3.11 水利工程安全鉴定

水利工程安全鉴定是由专门的机构对水工建筑物的工程质量和安全性做出科学的评价，保障水利工程安全运行。

水利工程安全鉴定一般包括：蓄水安全鉴定、枢纽工程竣工安全鉴定和专项安全鉴定（大坝安全鉴定、水闸安全鉴定、泵站安全鉴定、堤防安全鉴定等）。

4

基本要求

4.1 组织机构与职责

4.1.1 干线公司成立有风险分级管控和隐患排查治理领导小组(以下简称“双重预防体系”),由干线公司领导班子成员,各部门、各单位主要负责人等组成,干线公司主要负责人担任领导小组组长,全面负责干线公司安全管理工作中安全生产风险分级管控与隐患排查治理工作的研究、统筹、协调、指导和保障等工作。领导小组下设办公室,作为日常办事机构,设在安全质量部。

4.1.2 各管理局、中心、分公司、管理处相应成立“双重预防体系”机构,负责各自的危险源辨识、风险评价、分级管控和隐患排查治理体系等安全管理工作。

4.1.3 干线公司全员参与安全管理“双重预防体系”建设工作,各岗位应根据工作分工和职责积极参与安全风险分级管控和隐患排查治理运行工作,开展日常风险评估和日常隐患排查治理,接受安全教育培训,严格执行风险管控措施和隐患排查治理规定。

4.2 教育培训

4.2.1 干线公司将风险分级管控与隐患排查治理培训纳入安全管理培训计划,加强风险意识和对安全风险分级管控认识的教育,提高员工的安全知识和安全技能水平,使员工能够有效识别危害因素、控制风险。

4.2.2 干线公司开展风险分级管控与隐患排查治理全员培训,每人每年不少于8个学时,培训内容主要为“双重预防体系”岗位责任、危险源辨识、风险评价的方法和管控、重大隐患判定标准等,健全教育培训评估档案和资料。

4.2.3 干线公司全员参与风险分级管控及隐患排查治理等安全管理活动,通过专题讲座、技术培训讲课、安全规程培训考试、安全知识竞赛、安全月活动等多种形式开展安全教育培训工作,确保风险分级管控和隐患排查治理覆盖各区域、场所、岗位、各项作业和管理活动。

4.3 融合管理

本次研究安全管理工作是基于风险分级管控和事故隐患排查治理双重预防体系工作的基础上开展,工作中一定要将风险分级管控和事故隐患排查治理、安全生产标准化、工程标准化管理、“六项机制”建设及企业标准落实等工作全面融合,形成一体化的安全管理体系,使风险分级管控贯穿于生产经营活动全过程,成为干线公司各层级、各岗位日常工作的重要组成部分。

5

风险识别与管控

5.1 风险区域确定

5.1.1 风险区域划分原则

风险区域划分应遵循“大小适中、便于分类、功能独立、易于管理、范围清晰”的原则，要与资产管理、工程巡视、检查及相关岗位工作紧密结合。

5.1.2 风险区域划分方法

1. 风险区域划分应通过现场查勘调研、查阅档案资料、开展座谈询问等方法，组织技术、工程管理、调度运行、安全管理、设备管理等专业人员开展。

2. 根据工程运行管理现状，按照工艺流程、设备设施、作业场所、区域等功能独立的单元进行风险区域划分。

3. 根据南水北调山东干线工程特点，风险区域按照平原水库、泵站、水闸、渠道四个大类划分，同时应满足横向到边、纵向到底的原则。具体划分如：

(1) 平原水库可划分为：围坝(可若干段)、进水闸(包括相关连接段等)、入库泵站、供水(洞)闸、出(泄)水闸、节制闸、变配电系统、自动监控及调度系统、消防设施系统、自动化通信系统、办公(调度)楼、职工食堂、值班楼、仓库、其他管理区域或设施等若干风险区域；

(2) 泵站可划分为：引水闸、出水闸、节制闸、清污机、水泵机组、变配(供)电系统、消防设施系统、自动化通信、监控系统、主、副厂房、办公楼、职工食堂、值班楼、仓库、其他管理区域或设施等若干风险区域；

(3) 渠系工程可划分为：控制性水闸(包括节制闸、排涝闸、泄水闸、进、出水闸等)、穿黄隧洞、较大型倒虹、暗涵、滩地埋管、渠段(划分长度原则上为 20 km 左右、以相应管理范围内适宜的建、构筑物为节点，且包含除前述以外的所有桥、涵、闸、管槽等小型交叉建筑物、管理站所、码头等及附属设施设备等)、变配(供)电系统、消防设施系统、自动化通信、监控系统、其他管理区域或设施等若干风险点。

注：山东干线工程运行管理场所区域一般包括办公用变配电室、值班室、供水泵房、物料仓库、办公区域、电子信息系统机房、伙房、安全防护设施、污水处理及排放设施等。

5.1.3 风险区域相关内容

对划分的风险区域登记风险区域台账，并依据每个风险区域单元体的具体情况进行相关的清单登记，登记内容主要有水工建(构)筑物类、水工机械及设备设施类(金属结构类)、作业活动类、管理类、区域场所环境类和它们的组合，形成设备设施、作业活动、场所区域清单。

1. 设备设施清单内容

(1) 水工建(构)筑物:挡水建筑物、泄水建筑物、进(出)水建筑物(水闸)、闸室及连接段、输水建筑物、泵房、变(配)电站室、码头、管理房等,排涝和供水专用建筑物、渠系建筑物、交通桥梁及道路等。

(2) 水工机械、设备设施类(含小型金属结构):水泵机组及附属设备、电气设备(输变电、供配电)、控制辅助设备(包括防雷装置等)、各类闸门及启闭机械、单(双)向通用门机、电动葫芦、拦污与清污设备、特种设备、发电机组及附件、融冰破冰设备、管理设施等。

(3) 其他设施设备:调度及自动化系统、通信系统、视频监控系统、辅助性控制设备设施、消防设施系统、测水计量设备等。

2. 作业活动清单确定

工程运行管理作业活动一般包括闸门启闭、设备作业运行、起重机吊装作业、备用发电机组运行、调度供水、有限空间作业、动火和动土作业、临水作业、高空作业、巡视检查、设备设施检修及维修、安全监测、设备试验、试车、管理及相关方监管、炊事作业等作业活动。

3. 场所区域清单确定

工程运行管理场所区域一般包括办公用变配电室、值班室、供水泵房、物料仓库、办公区域、电子信息系统机房、安全防护设施、污水处理及排放设施、自然环境、工作环境、职工活动室、职工食堂等。

5.1.4 风险区域划分登记

风险区域台账和记录按照风险区域名称、类型、可能导致事故类型及后果、责任单位等基本信息填写,具体包括风险区域登记台账、设备设施清单、作业活动清单、场所区域清单等相关资料。

5.2 危险源辨识(融合查找机制及防洪防汛任务)

5.2.1 危险源辨识范围

1. 用适用的辨识方法,对风险区域内存在的危险源进行辨识,辨识应覆盖风险区域内全部的设备设施和作业活动,并充分考虑不同状态和不同环境带来的影响。

2. 危险源辨识是指对有可能产生危险的根源或状态进行分析,识别危险源的存在并确定其特性的过程,结合“查找机制”,辨识出危险源以判定危险源类别与级别。

3. 危险源辨识应考虑工程正常运行受到影响或工程结构受到破坏的可能性,相关人员在工程管理范围内发生危险的可能性;储存物质的危险特性、数量以及仓储条件;环境、设备的危险特性因素;作业场所的材料工(器)具、车辆、安全防护用品;作业步骤或作业内容相关的管理和其他管理活动;工艺、设备、材料、能源、人员更新或变更等情况。

4. 防洪(排涝)工程设施及任务,其他相关设施、工作等。

5. 危险源辨识根据《风险区域登记台账》《设备设施清单》《作业活动清单》《场所区域清单》等相关资料,覆盖所有设备设施、作业活动和场所区域,进行综合分析判定。

5.2.2 危险源辨识方法

1. 根据水利部水利水电工程运行危险源辨识与风险评价相关导则的规定,危险源辨识方法主要有直接判定法、安全检查表法(SCL)、预先危险性分析法(PHA)、工作危害分析法(JHA)、因果分析法(CFA)等。

2. 危险源辨识应优先采用直接判定法,不能用直接判定法辨识的,应采用其他方法进行判定。

3. 设备设施危险源辨识应采用安全检查表法(SCL)等方法。

4. 作业活动危险源辨识应采用工作危害分析法(JHA)等适宜的方法,进行岗位危险源辨识。

5. 涉及危险化学品的,按照《危险化学品重大危险源辨识》(GB 18218—2018)的规定,进行危险源辨识。

5.2.3 重大危险源确定

根据水利部《水利水电工程(水库、水闸)运行危险源辨识与风险评价导则(试行)》(办监督函〔2019〕1486 号)、《水利水电工程(水电站、泵站)运行危险源辨识与风险评价导则(试行)》(办监督函〔2020〕1114 号)、《水利水电工程(堤防、淤地坝)运行危险源辨识与风险评价导则(试行)》(办监督函〔2021〕1126 号)、《危险化学品重大危险源辨识》(GB 18218—2018)等附件中的各类工程重大危险源清单和相关文件标准,结合南水北调东线山东干线工程运行管理实际,经综合分析研究判定了适合干线公司现阶段泵站、平原水库工程的重大危险源清单,内容见表 5-1 至表 5-6。

1. 水库工程

1) 水库首次安全鉴定应在竣工验收后 5 年内进行,以后应隔 6～10 年进行一次;遭遇强降水、强烈地震,或者工程发生重大事故或出现影响安全的异常现象时,应及时组织大坝安全鉴定。

2) 避雷设施、报警装置及输电线路应定期检查维修,确保完好、可靠,并定期进行防火、防爆、防暑、防冻等专项安全检查。

3) 安全监测按照《水利水电工程安全监测系统运行管理规范》(SL/T 782—2019)执行。

4) 分析研判现状工程中的重大危险源

（1）土石坝坝体、坝基渗流，坝体与坝肩、穿坝建筑物等结合部渗漏等为重大危险源：水库大坝是水库工程的最重要挡水建筑物，应属重大危险源；渗流渗透、接触冲刷破坏是比较常见的病害，发现、处理不及时就会形成重大事故隐患。工作中须密切关注有关观测数据和工程状况，重视巡视巡查和管控。

（2）作业活动中，作业人员未持证上岗、违反相关操作规程属重大危险源：山东干线公司管理制度健全，规章严格，作业人员无证上岗、违反相关操作规程的现象基本不会发生，但应严格管理杜绝不负责任的违规、违章行为，避免造成重大事故。

（3）工程运行管理中，未按规定开展观测与监测属重大危险源：工程观测与监测是对工程的全面监控和体检，十分重要，不按照规定的时间进行观测与监测不能及时了解水库工程的运行参数和安全状况，存在很大的安全风险，属于重大危险源。

2. 泵站工程

1）泵站安全鉴定应分为全面安全鉴定和专项安全鉴定。全面安全鉴定范围应包括建筑物、机电设备、金属结构等；专项安全鉴定范围宜为全面安全鉴定中的一项或多项。

2）泵站有下列情况之一的，应进行全面安全鉴定：(1)建成投入运行达到20～25年；(2)全面更新改造后投入运行达到15～20年；(3)本条第1款或第2款规定的时间之后运行达到5～10年。

3）泵站出现下列情况之一的，应进行全面安全鉴定或专项安全鉴定：(1)拟列入更新改造计划；(2)需要扩建增容；(3)建筑物发生较大险情；(4)主机组及其他主要设备状态恶化；(5)规划的水情、工情发生较大变化，影响安全运行；(6)遭遇超设计标准的洪水、地震等严重自然灾害；(7)按《灌排泵站机电设备报废标准》(SL 510—2011)的规定，设备需报废的；(8)有其他需要的。

4）分析研判现状工程中的重大危险源

（1）进、出水建筑物中的穿堤涵洞等设施是重大危险源：水库枢纽泵站穿堤涵洞等交叉建筑物常见的病害有变形、开(断)裂、止水失效、异物堵塞等，因长期处于水(地)下、有限空间等，不易及时发现和检修，所以出现事故的可能性很大，要重点监管监控。

（2）电气设备中的输变电设备、起重设备等属重大危险源：工程中电气设备十分重要，特别是泵站工程中的电气设备、特种设备，功能特殊且重要，属重大危险源。有可能因质量缺陷、意外情况、偶尔检修不及时、操作失误等造成设备控制功能失效、不能正常工作而引发事故；起重设备属特种设备，要严格操作规程，严格管理制度。

（3）作业活动中的有限空间作业是重大危险源：在有限空间、水下作业方面经验不足或保护装备不健全，属重大危险源。泵站流道、壳体、洞室等处检查、维修、水下检修、处理等都是危险性大的工作，操作中要配备通风、照明、防毒、救生、备用能源、检测监控、通信等器具设备及相应的监控措施，严格按照《山东省水利行业有限空间作业操作规程》规范操作，避免事故出现。

(4) 作业活动中的带电作业是重大危险源：一般情况不允许带电作业，遇到特殊情况由专业人员穿戴好保护装备规范作业，但仍有很大的安全风险，因此一定要加强防范。

3. 水闸(渠道工程)

水闸实行定期安全鉴定制度。首次安全鉴定应在竣工验收后5年内进行，以后应每隔10年进行一次全面安全鉴定。运行中遭遇超标准洪水、强烈地震、增水高度超过校核潮位的风暴潮、工程发生重大事故后，应及时进行安全检查，如出现影响安全的异常现象的，应及时进行安全鉴定。闸门等单项工程达到折旧年限，应按有关规定和规范适时进行单项安全鉴定。

渠道工程设施按期巡检、保养，维护供水线路的安全运行。

水闸安全生产操作应遵守下列规定：

1) 定期进行专项安全检查，检查防火、防爆、防暑、防冻等措施落实情况，发现不安全因素及时处理。

2) 严格按照操作规程操作，配备必要的安全设施。安全标记、助航标志应齐全，电器设备周围应有安全警戒线，易燃、易爆、有毒物品的运输、储存、使用应按照有关规定执行。按照消防要求配备灭火器具。

3) 保证安全用具齐全、完好，扶梯、栏杆、盖板等应完好无损。

4) 水上作业应配齐救生设备，高空作业应穿防滑鞋、系安全带；在可能有重物坠落的场所应戴安全帽。

5) 进行电气设备安装和操作时，应按规定穿着和使用绝缘用品、用具。

6) 防雷接地设施及各类报警装置应定期检修，确保完好；输电线路应经常检查，严禁私拉乱接。

7) 采用自动观测的水闸，应对运行、管理人员规定操作权限，避免观测数据丢失。

8) 分析研判现状工程中的重大危险源

(1) 水闸中的上下游连接段部分是重大危险源：水闸工程的上下游连接段是水闸的重要部位，翼墙渗漏、侧向渗流、排水管堵塞、止水失效等为常见病害，如发现、处理不及时将出现严重后果，应作为重大危险源管控。山东干线工程中的水闸工程上下游水头均不大，大部分为一般河道、渠系建筑物，且地质条件(非山区)相对不复杂，不会出现大的基础病害；调水水质较好、较稳定，但要重视排水、止水系统等部位的日常检查、维修保养工作并做好相关监控。

(2) 水闸中变配电设备、闸门启闭控制设备等是重大危险源：水闸工程中电气设备十分重要，风险很大。变配电设备、控制设备较多，有可能因质量缺陷、意外情况、偶尔检修不及时等造成设备控制功能失效、不能正常工作而引发事故，特别是较大型的涵闸且与外河连接、有防洪排涝功能和任务的工程，应严控严管，确保发挥正常功能。

(3) 运行管理中供水、分洪、排涝调度是重大危险源：山东干线工程主要任务是调水，有部分设施兼顾地方防洪、排涝，依照规定的调度权限，及时核对、执行调度指令，确保不出问题。

（4）倒虹吸管（穿黄、渠涵、管等）等大型、较大型交叉涵、管工程是重大危险源：水（地）下设施设备、交叉建筑物处的水压力破坏等，监测监控措施有难度，尽管规范操作，但仍是危险性较大的部位和操作活动，属重大危险源，应严格管控。

5.2.4 一般危险源辨识

应充分考虑人的因素、物的因素、环境因素、管理因素，重点考虑较大危险因素。对初步形成的危险源辨识结果进行评审、补充、修订。

在识别环境因素、危险源、环境或健康安全影响时，主要考虑以下几方面：

1）环境因素、危险源的识别范围覆盖干线公司范围内所有区域、原材料及调度运行过程中的各个环节，包括相关方活动对环境或健康安全产生的影响。

2）变更，包括已纳入计划的或新的开发，以及新的或修改的活动、产品和服务对环境或健康安全的影响。

3）环境因素、危险源的识别应同时考虑过去、现在、将来三种时态及正常、异常、紧急三种状态，以及以下类型：

a. 向大气排放的污染物：如汽车尾气、油烟等；

b. 向水体排放的污染物：如工业废水、生活污水等；

c. 固体废物、危险废物：如调度运行中的废弃物、生活垃圾、机器废油、废化学清洗剂等；

d. 噪声排放：如机器噪声等；

e. 对周围小区及居民生活的影响；

f. 水、电、原材料等资源的消耗。

g. 工作场所的基础设施、设备和材料，无论是否由组织或外界提供，都有可能导致人员受到火灾、中毒、爆炸、坠落伤害、机械伤害、化学与生物伤害事件等；

h. 人员行为、能力和其他人为因素导致的精神与心理伤害、化学与生物伤害事件等。

注：人员包括进入工作场所的人员，如干线公司员工、承包商、访问者和其他人员。

5.2.5 一般危险源辨识方法

重大危险源直接判定辨识后，不能直接判定辨识的一般危险源应采用其他方法进行判定。主要方法有安全检查表法（SCL）、预先危险性分析法（PHA）、工作危害分析法（JHA）又称工作安全分析法（JSA）、作业条件危险性分析法（LEC）、因果分析法（CFA）等。

(1) 设备设施危险源

运用安全检查表法(SCL)开展危险源辨识时,依照设备设施清单,将根源性危险源存在部位作为检查项目;检查标准就是防止能量意外释放,辨识出不符合标准的情况及可能造成的事故类型和后果。

(2) 作业活动危险源辨识方法

作业活动危险源辨识可采用工作危害分析法(JHA)开展危险源辨识,依照作业活动清单,对每一项作业活动进行细分,识别出作业活动的具体作业步骤或内容。逐条对作业活动具体步骤,辨识出不符合标准的情况及可能造成的事故、频次、类型和后果。

(3) 管理和区域场所危险源辨识方法

利用前述的有关方法,适宜的采用工作危害分析法(JHA)、安全检查表法(SCL)或作业条件危险性分析法(LEC)对管理和区域场所的危险源辨识,建立工作危害分析评价记录。

表 5-1　平原水库工程运行重大危险源(判定)清单表

序号	类别	项目	重大危险源	事故诱因	可能导致的后果	判定依据	判定结果
1	构(建)筑物类	挡水建筑物	坝体与坝肩、穿坝建筑物等接合部渗漏	接触冲刷	失稳、溃坝	SL 258—2017,第 9.8.4 条	
2			坝肩绕坝渗流,坝基渗流,土石坝坝体渗流	防渗设施失效或不完善	变形、位移、失稳、溃坝	1. SL 210—2015,第 5.5 节、第 5.6 节、第 5.7 节 2. SL 258—2017,第 8.6.4 条 3. SL 551—2012,第 1.0.10 条	有
3			土石坝坝顶受波浪冲击	洪水、大风;防浪墙损坏	漫顶、溃坝	SL 274—2001,第 5.4.4 条	
4			土石坝上、下游坡	排水设施失效;坝坡滑动	失稳、溃坝	SL 258—2017,第 9.8.4 条	
5			存在白蚁的可能(土石坝)	白蚁活动、筑巢	管涌、溃坝	1. SL 274—2001,第 5.8.3 条第 2 款 2. SL 106—2017,第 4.0.15 条	
6			混凝土面板(面板堆石坝)	水流冲刷;面板破损、接缝开裂;不均匀沉降	失稳、溃坝	SL 258—2017,第 9.8.4 条	
7			拱座(拱坝)	混凝土或岩体应力过大;拱座变形	结构破坏、失稳、溃坝	1. SL 258—2017,第 5.4.6 条,第 9.3.5 条第 1 款 2. SL 282—2018,第 8.1.1 条～第 8.1.7 条	
8			拱坝坝顶溢流,坝身开设泄水孔	坝身泄洪振动;孔口附近应力过大	结构破坏、溃坝	1. SL 282—2018,第 3.3.3 条、第 3.3.4 条、第 3.3.5 条 2. SL 319—2018,第 4.5 节	
9		泄水建筑物	溢洪道、泄洪(隧)洞消能设施	水流冲击或冲刷	设施破坏、失稳、溃坝	SL 258—2017,第 9.8.4 条	
10			泄洪(隧)洞渗漏	接缝破损、止水失效	结构破坏、失稳、溃坝	SL 258—2017,第 9.8.4 条	
11			泄洪(隧)洞围岩	不良地质	变形、结构破坏、失稳、溃坝	SL 258—2017,第 9.8.4 条	
12		输水建筑物	输水(隧)洞(管)渗漏	接缝破损、止水失效	结构破坏、失稳、溃坝	SL 258—2017,第 9.8.4 条	

续表

序号	类别	项目	重大危险源	事故诱因	可能导致的后果	判定依据	判定结果
13	构(建)筑物类	输水建筑物	输水(隧)洞(管)围岩	不良地质	变形、结构破坏、失稳、溃坝	SL 258—2017,第 9.8.4 条	
14		坝基	坝基	不良地质	沉降、变形、位移、失稳、溃坝	1. SL 210—2015,第 5.5 节、第 5.6 节、第 5.7 节 2. SL 258—2017,第 8.6.4 条 3. SL 551—2012,第 1.0.10 条	
15	金属结构类	闸门	工作闸门(泄水建筑物)	闸门锈蚀、变形	失稳、漫顶、溃坝	SL 258—2017,第 11.1.2 条、第 11.6.4 条	
16		启闭机械	启闭机(泄水建筑物)	启闭机无法正常运行		SL 258—2017,第 11.1.2 条、第 11.6.4 条	
17	设备设施类	电气设备	闸门启闭控制设备(泄水建筑物)	控制功能失效		SL 258—2017,第 11.1.2 条、第 11.6.4 条	
18			变配电设备	设备失效		1. SL 106—2017,第 4.0.12 条 2. GB/T 24612.1—2009,第 10.2.3.2 条	
19	设备设施类	特种设备	压力管道	水锤	设备设施破坏	1. SL 316—2015,第 4.4.5 条 2. GB/T 30948—2014,第 5.7.9 条	
20	作业活动类	作业活动	操作运行作业	作业人员未持证上岗、违反相关操作规程	设备设施严重损(破)坏	1. 中华人民共和国国务院令第 77 号,第十四条、第十八、第十九条 2. GB 26860—2011,第 4.1 节	有
21	管理类	运行管理	安全鉴定与隐患治理	未按规定开展或隐患治理未及时到位		水建管〔2003〕271 号,第五条、第二十条	
22			观测与监测	未按规定开展		1. SL 75—2014,第 3.2.2 条 2. SL 274—2001,第 10.0.3 条	有
23			安全检查	未按规定开展或检查不到位		1. 中华人民共和国国务院令第 77 号,第十九、第二十二条 2. SL 401—2007,第 3.4.8 条	

续表

序号	类别	项目	重大危险源	事故诱因	可能导致的后果	判定依据	判定结果
24	管理类	运行管理	外部人员的活动	活动未经许可	设备设施严重损(破)坏	1. 中华人民共和国国务院令第77号,第十四条 2. GB 26860—2011,第4.1节 3. SL 401—2007,第2.0.4条	
25			泄洪、放水或冲沙等	警示、预警工作不到位	影响公共安全	1. 水管〔1993〕61号,第三十六条 2. 中华人民共和国国务院令第77号,第二十一条、第二十四条、第二十五条 3. SL 258—2017,第6.2.1条	
26	环境类	自然环境	自然灾害	山洪、泥石流、山体滑坡等	工程及设备严重损(破)坏,人员重大伤亡	1. SL 398—2007,第3.1.5条、第3.2.2条、第3.7.5条、第3.7.5条 2. 中华人民共和国国务院令第77号,第二十五条	

表 5-2　泵站工程运行重大危险源(判定)清单表

序号	类别	项目	重大危险源	事故诱因	可能导致的后果	判定依据	判定结果
1	构(建)筑物类	进、出水建筑物	穿堤涵洞	变形、开裂、止水失效	堤防渗漏、破坏、水淹站区	1. GB/T 30948—2014,第 7.3 节 2. SL 316—2015,第 5.3.5 条	有
2	金属结构类	压力钢管	压力钢管、阀组、伸缩节、水泵出口的工作闸门、事故闸门	变形、锈蚀、关闭不严、未定期检验、紧急关阀、水锤防护设施失效	爆管、顶部溢水、塌陷、漏水、水淹厂房及周边设施等、人员伤亡	1. SL 316—2015,第 4.4.5 条 2. GB/T 30948—2014,第 5.7.9 条	
3	设备设施类	电气设备	配电设备	设备失效、意外破坏等	触电、短路、火灾、人员重大伤亡、设备损坏、影响泵站运行	1. GB/T 30948—2014,第 6.1.1 条、第 6.1.2 条、第 6.3.1 条、第 6.3.2 条 2. SL 75—2014,第 4.10 节 3. GB/T 24612.1—2009,第 10.2.3.2 条	
4			输变电设备	可能六氟化硫泄漏、未设置监测报警及通风装置	中毒和窒息、设备损坏	1. GB 50706—2011, 第 5.6.1 条、第 5.6.2 条 2. DL/T 595—2016,第 5.2.2 条 3. GB 26860—2011,第 11 章	有
5		特种设备类	起重设备	未经常性维护保养、自行检查和定期检验	设备严重损坏、人员伤亡	1. 中华人民共和国主席令 第四号,第三十九条至第四十二条 2. 中华人民共和国国务院令 549 号,第二十七条至第三十条 3. TSG 08—2017,第 2.7.2 条 4. GB 6067.1—2010,第 18.1 节、第 18.3 节	有
6	作业活动类	作业活动	高处作业	违章指挥、违章操作、违反劳动纪律、未正确使用防护用品	高处坠落、物体打击	1. 中华人民共和国水利部令 第 26 号,第二十一条至第二十三条 2. SL 721—2015,第 10.3.5 条 3. SL 398—2007,第 5.2 节 4. JGJ 80—2016,第 3.0.2 条~第 3.0.6 条	有

续表

序号	类别	项目	重大危险源	事故诱因	可能导致的后果	判定依据	判定结果
7	作业活动类	作业活动	有限空间作业	违章指挥、违章操作、违反劳动纪律、未正确使用防护用品	淹溺、中毒、坍塌	1. 国家安全生产监督管理总局令 第59号,第六条、第二十一条 2. SL 721—2015,第10.1.4条 3. SL 398—2007,第10.1.2条	有
8			水下观测与检查作业		淹溺	SL 401—2007,第10.1.5条、第10.1.6条、第11.10节	
9			带电作业		触电、人员伤亡	1. SL 398—2007,第5.2.6条 2. SL 401—2007,第3.5.6条、第3.5.8条、第3.6.1条~第3.6.23条	有
10	管理类	运行管理	操作票、工作票,交接班、巡回检查、设备定期试验制度执行	未严格执行	工程及设备严重损(破)坏、人员重大伤亡	1. SL 401—2007,第3.4.8条 2. GB/T 30948—2014,第3.3节、第5.1.2条~第5.1.10条、第6.1节、第9.2.1条	
11	环境类	自然环境	自然灾害	山洪、泥石流、山体滑坡等	工程及设备严重损(破)坏、人员重大伤亡	1. SL 398—2007,第3.1.5条、第3.2.2条、第3.7.5条、第3.7.5条 2. 中华人民共和国国务院令第77号,第二十五条	
12			洪水位超防洪标准	超保证水位运行	水淹泵房等、设备受损、人员伤亡	1. GB/T 30948—2014,第9.1.7条	

表 5-3 水闸工程运行重大危险源(判定)清单表

序号	类别	项目	重大危险源	事故诱因	可能导致的后果	判定依据	判定结果
1	构(建)筑物类	闸室段	底板、闸墩渗漏	渗漏异常、接缝破损、止水失效	沉降、位移、失稳	1. SL 75—2014,第 4.8 节、第 4.3.1 条、第 4.3.6 条 2. SL 214—2015,第 4.3 节	
2		上下游连接段	消力池、海漫、防冲墙、铺盖、护坡、护底渗漏	渗漏异常、接缝破损、止水失效	沉降、位移、失稳、河道及岸坡冲毁	1. SL 75—2014,第 4.3 节、第 3.2.3 条 2. SL 214—2015,第 4.3 节	有
3			岸、翼墙渗漏	渗漏异常、接缝破损、止水失效	墙后土体塌陷、位移、失稳	1. SL 75—2014,第 4.3 节、第 3.2.3 条 2. SL 214—2015,第 4.3 节	
4			岸、翼墙排水	排水异常、排水设施失效及边坡截排水沟不畅	墙后土体塌陷、位移、失稳	1. SL 75—2014,第 4.8 节、第 3.2.3 条	
5			岸、翼墙侧向渗流	侧向渗流异常、防渗设施不完善	位移、失稳	1. SL 75—2014,第 4.5 节 2. SL 214—2015,第 4.4.1 条~第 4.4.7 条	
6		地基	地基地质条件	地基土或回填土流失、不良地质	沉降、变形、位移、失稳	1. SL 75—2014,第 4.6 节 2. SL 214—2015,第 4.4.1 条~第 4.4.7 条	
7			地基基底渗流	基底渗流异常、防渗设施不完善	沉降、位移、失稳	1. SL 75—2014,第 4.6 节 2. SL 214—2015,第 4.4.1 条~第 4.4.7 条	
8	金属结构类	闸门	工作闸门	闸门锈蚀、变形	闸门无法启闭或启闭不到位,严重影响行洪泄流安全,增加淹没范围或无法正常蓄水,失稳、位移	1. SL 75—2014,第 4.8 节、第 3.2.3 条、第 3.2.2 条	
9		启闭机械	启闭机	启闭机无法正常运行		1. SL 41—2018,第 9.2.2 条 2. GB/T 30948—2014,第 6.1.1 条、第 6.1.2 条、第 6.3.1 条、第 6.3.2 条 3. SL 75—2014,第 4.10 节 4. GB/T 24612.1—2009,第 10.2.3.2 条	
10	设备设施类	电气设备	闸门启闭控制设备	控制功能失效			有
11			变配电设备	设备失效			
12	作业活动类	作业活动	操作运行作业	作业人员未持证上岗、违反相关操作规程	设备设施严重损(破)坏	1. SL 75—2014,第 1.0.3 条、第 1.0.6 条、第 2.4.5 条 2. GB 26860—2011,第 4.1 节 3. 人社厅发〔2019〕50 号 4-09-01-05,第 5.3 节	

续表

序号	类别	项目	重大危险源	事故诱因	可能导致的后果	判定依据	判定结果
13	管理类	运行管理	安全鉴定	未按规定开展	设备设施严重损(破)坏	1. SL 75—2014,第 5.3 节 2. 水建管〔2008〕214 号,第三条	
14			观测与监测	未按规定开展		1. SL 75—2014,第 3.1.2 条、第 3.2.2 条、第 3.3 节 2. SL 274—2001,第 10.0.3 条 3. SL 768—2018,第 1.0.3 条、第 1.0.4 条、第 1.0.5 条	
15			安全检查	安全检查不到位		1. 中华人民共和国国务院令第 77 号,第十九条、第二十二条 2. SL 401—2007,第 3.4.8 条 3. SL 721—2015,第 9.2.6 条	
16			外部人员的活动	活动未经许可		1. 中华人民共和国国务院令第 77 号,第十四条 2. GB 26860—2011,第 4.1 节 3. SL 401—2007,第 2.0.4 条	
17			泄洪、放水或冲沙等	警示、预警工作不到位	影响公共安全	1. 水管〔1993〕61 号,第三十六条 2. 中华人民共和国国务院令第 77 号,第二十一条、第二十四条、第二十五条 3. SL 258—2017,第 6.2.1 条	
18	环境类	自然环境	自然灾害	山洪、泥石流、山体滑坡等	工程及设备严重损(破)坏,人员重大伤亡	1. SL 398—2007,第 3.1.5 条、第 3.2.2 条、第 3.7.5 条、第 3.7.5 条 2. 中华人民共和国国务院令第 77 号,第二十五条	

表 5-4 渠道工程作业活动重大危险源(判定)清单表

序号	名称	作业活动名称	作业活动内容	重大危险源	事故诱因	可能危害	判定依据	判定结果
1	有限空间作业	有限空间作业	作业前准备 作业中通风、照明安全 机械设备安全 备用、监控作业	有限空间	通风、照明不良,监控管理不到位	中毒、窒息、爆炸	1. 国家安全生产监督管理总局令 第59号,第六条、第二十一条 2. SL 721—2015,第10.1.4条 3. SL 398—2007,第10.1.2条	
2	巡视检查	渠道及水工建筑物巡查	巡查准备及巡查	高空、临边、临水	安全设施不健全	坠落、溺水	1. 中华人民共和国水利部令 第26号,第二十一条至第二十三条 2. SL 721—2015,第10.3.5条、第9.2.6条 3. SL 398—2007,第5.2.6条、第7.6.1条 4. JGJ 80—2016,第3.0.2条~第3.0.6条	
3	设备设施维修、检修	机泵、管道维修、电气设备检修	主体维修及后续工作	起吊、转动及电器	器具故障、违规操作	物体打击、机械伤害、触电	1. 中华人民共和国主席令 第四号,第三十九条至第四十二条 2. 中华人民共和国国务院令 549号,第二十七条至第三十条 3. TSG 08—2017,第2.7.2条 4. GB 6067.1—2010,第18.1节、第18.3节	
4	设备试验	定期试验	电气设备定期试验 桥式起重机年检 防雷检测 流速仪定期检测 安全用具试验	临边、临水、高空、起吊、转动及电器	器具故障、违规操作安全设施不健全	物体打击、机械伤害、触电、坠落、溺水	1. GB/T 3797—2016,第7.1节、第7.2节 2. SL 41—2018,第9.1节~第9.7节 3. TSG 08—2017,第2.7.2条 4. GB 6067.1—2010,第18.1节、第18.3节 5. 中国气象局第24号令,第十九条、第二十三条 6. GB/T 32937—2016,第5.2.1条、第5.2.1条 7. 中华人民共和国公安部61号令,第四十三条 8. DL/T 596—2005,第1章、第4章、第8章 9. GB/T 11826—2019,第7.2.8条、第7.2.9条、第8.1.1条、第8.2.1条 10. GB 39800.1—2020,第5.1.2条 11. 安监总厅安健〔2015〕124号,第二十条、第二十三条、第二十五条	

续表

序号	名称	作业活动名称	作业活动内容	重大危险源	事故诱因	可能危害	判定依据	判定结果
5	管理	仓库管理	物资安全存储	易燃易爆、危化品	高温、明火、雷击、危化品燃爆、中毒	财产损失、人员伤亡	1. SL 398—2007，第3.1.5条、第3.2.2条、第3.2.5条 2. 中华人民共和国国务院令第591号，第十三条	
		运行管理	供水、分洪、排涝调度	未审批、备案，未执行调度指令	未按调度指令、违规操作	调水中断、淹没、渍涝灾害、财产损失、人身伤害	中华人民共和国国务院令第647号	有
6	监管	相关方监管	外包工程（含劳务外包）工程单位管理	管理不严格	无证上岗、违规违章操作	设备设施破（损）坏	1. 中华人民共和国国务院令第77号，第十四条 2. GB 26860—2011，第4.1节 3. SL 401—2007，第2.0.4条	
			外来人员管理	活动未经许可				

表 5-5 渠道工程设施设备运行重大危险源(判定)清单表

序号	设施设备	分项(部位)名称	重大危险源	事故诱因	可能危害	判定依据	判断结果
1	构(建)筑物	渠道(堤防)	高边坡、地上渠段	洪水、泥石流、滑坡、渠堤溃坝，渗漏、渍涝	堵塞破坏渠道、中断调水、人员伤亡，农田、村庄被淹	1. SL 482—2011,第 4.2.3 条、4.4.1 条 2. GB/T 50600—2010,第 10.0.3 条、10.0.9 条 3. SL 430—2008,第 9.3.5、9.3.7 条	
			临外河段该水位工况	扬压力、渗透压力	衬砌板隆股破坏，渗漏、中断调水、堵塞	1. SL 430—2008,第 9.1.2 条、第 9.4.5 条、第 9.4.7 条、第 9.4.8 条 2. SL/T 804—2020,第 7.1.1 条	
		跨越渠道的各类管线	水质污染	管线泄露	污染水体、中断调水	SL 430—2008,第 9.4.5、9.4.7、9.4.8 条	
		渡槽	跌落堵塞、水质污染	跌落、堵塞、泄露	堵塞破坏渠道、污染水体、中断调水、人员伤亡	1. T/CHES 22—2018,第 7.2 节第 c 款、7.4 节 2. SL 430—2008,第 9.1.1、9.1.2、9.4.5、9.4.7、9.4.8 条 3. SL/T 804—2020,第 7.1.1 条	
		小型涵闸、农桥					
		跌水					
		倒虹吸管(穿渠涵、管等)穿黄工程	重点是大型、较大型交叉涵、管	结构变形、开裂、止水失效，扬压力、渗透压力	渗漏、破坏、中断调水、堵塞		有
2	拦污清污设施	清污机	清污机运行	不能正常工作	物体打击、机械伤害	SL 316—2015,第 4.4.4 条 GB/T 30948—2014,第 5.7.6 条	
3	调度运行管理(网络)系统	计算机监控系统	网络系统	网络系统不能正常工作	设备设施破(损)坏,调水中断	1. GB/T 30948—2014,第 6.5 节 2. SL 430—2008,第 10.4.4、10.4.7 条 3. GA/T 1710—2020,第 6.6 节	
		视频监视系统					
		水利、工程信息管理系统					
		PLC					

续表

序号	设施设备	分项(部位)名称	重大危险源	事故诱因	可能危害	判定依据	判断结果
4	安全设施	消防设施、设备	消防设施、设备	检修不及时	火灾、财产损失	1. SL 398—2007,第 3.5.1 条、第 3.5.3 条 2. SL 401—2007,第 2.0.24 条	
		防护栏、围网	安全防护栏、安全标志	缺失、检修不及时、没有尽职尽责	溺水、人员伤亡、设备设施破(损)坏,调水中断	1. GB/T 30948—2014,第 9.3.9 条 2. SL 398—2007,第 3.10.6 条、第 5.1.3 条	

表 5-6　调水工程运行重大危险源清单

序号	类别	项目	重大危险源	事故诱因	可能导致的后果
1	构(建)筑物类	输水建筑物	高填方或傍山边坡	排水不畅、渗透破坏、支护失效	结构破坏、坍塌、失稳
2			输水(隧)洞(管)围岩	不良地质、水流冲刷、接缝破损、止水失效	变形、结构破坏、失稳
3			压力管道镇支墩	变形、开裂、沉降较大	失稳、爆管
4		穿(跨)邻接建筑物	穿(跨)邻接建筑物与输水工程接合部	基础承受荷载过大,水流冲刷、淘刷	失稳、垮塌
5	金属结构类	闸门	退水闸	闸门锈蚀、变形	闸门无法启闭或启闭不到位,严重影响渠道退水
6		压力钢管	压力钢管、阀组、伸缩节	变形、锈蚀严重、未定期检验、紧急关阀、水锤防护设施失效	爆管、顶部溢水、塌陷、漏水、水淹周边设施、人员伤亡
7	设备设施类	电气设备	闸门启闭控制设备	控制功能失效	失稳、漫顶、溃堤
8	作业活动类	作业活动	作业工作	作业人员未持证上岗,违反相关操作规程	设备设施严重损(破)坏
9	管理类	运行管理	泄洪、放水等	警示、预警工作不到位	冲淹周边的民房、耕地等
10	环境类	自然环境	泥石流、滑坡等	发生自然灾害	工程及设备严重损(破)坏
11			超标准洪水	超保证水位运行	工程及设备严重损(破)坏

注:本表来自《水利水电工程(调水工程)运行危险源辨识与风险评价导则(试行)》。

上述各清单表中标注的重大危险源事项,主要是根据干线公司各类工程现状情况分析研判的结果,要客观、动态地看待和参考。

5.3　风险评价(融合研判机制等)

5.3.1　风险(研判)评价方法

1. 风险评价是对危险源在一定触发因素作用下导致事故发生的可能性及危害程度进行调查、分析、论证等,以判断危险源风险程度,确定风险等级的过程。

2. 风险评价方法主要有直接判定法、风险矩阵法(LS),作业条件危险性评价法(LEC)等,对危险源所伴随的风险进行定性、定量、半定量等方法进行评价,并根据评价结果划分等级。可结合实际采用危险指数方法、事故后果模拟分析法等。

详细风险辨识评价方法见附录 F。

注:主要依据《水利水电工程(水库、水闸)运行危险源辨识与风险评价导则(试行)》(办监督函〔2019〕1486 号);《水利水电工程(水电站、泵站)运行危险源辨识与风险评价导则(试行)》(办监督函〔2020〕1114 号);《水利水电工程(堤防、淤地坝)运行危险源辨识与风险评价导则(试行)》(办监督函〔2021〕1126 号)。

3. 依据表5-1～表5-6重大危险源清单中的相关内容，重大危险源的风险等级直接评定为重大风险。不能用直接判定法辨识的，应采用其他(上述)方法进行综合判定。

4. 对于工程维修养护等作业活动或工程管理范围内可能影响人身安全的一般危险源，评价方法推荐采用作业条件危险性评价法(LEC)、风险矩阵法(LS)等。另外有风险程度分析法(MES)、危险指数法(RR)、职业病危害分级法等评价方法可选用。

5.3.2　风险评价准则

在对风险点和各类危险源进行风险评价时，应结合自身可接受风险实际，制定事故(事件)发生的可能性、严重性、频次、风险值的取值标准和评价级别，进行风险评价。风险判定准则的制定应充分考虑以下要求：

(1) 有关安全生产的法律、法规、安全规范、标准、导则等；

(2) 设计规范、技术标准；

(3) 本单位的安全管理、技术标准；

(4) 本单位的安全生产方针和目标等；

(5) 本单位的工程设施设备现状；

(6) 相关方的投诉。

5.3.3　确定重大风险

1. 判定原则

(1) 违反法律、法规及国家标准中强制性条款；

(2) 动火作业、高处作业、受限空间作业、吊装作业等；

(3) 应结合本单位工程实际和判定要求，对直接判定为重大风险的情况可进行评审；

(4) 重大风险判断要科学、准确、合情、合理。

2. 对有下列情形之一的，可直接判定为重大风险

(1) 违反法律、法规及国家标准、行业标准中强制性条款的；

(2) 发生过死亡、重伤、重大财产损失事故，或者3次以上轻伤、一般财产损失事故，且发生事故的条件依然存在的；

(3) 具有溃堤(坝)、漫坝、管涌、塌陷、边坡失稳、中毒、爆炸、火灾、坍塌等危险的场所或设施，可能伤害人员在10人及以上的；

(4) 可能造成大、中城市供水中断，或造成1万户以上居民停水24小时以上事故的；

(5) 涉及符合国家、行业及地方等标准、文件中判定重大危险源的；

(6) 根据表5-1～表5-6确定为重大危险源的，一般危险源经综合判断为重大风险的；

(7) 涉及危险化学品重大危险源的；

(8) 经风险评价确定为最高级别风险的。

结合本单位管理水平和工程实际情况，经分析论证判断出重大风险均列为重大风险，须登记造册，严格管控。

5.3.4 确定较大风险

对有下列情形之一的，可直接判定为较大风险：

(1) 发生过 1 次以上不足 3 次的轻伤、一般财产损失事故，且发生事故的条件依然存在的；

(2) 具有中毒、爆炸、火灾等危险因素的场所，且同一作业时间作业人员在 3 人以上不足 10 人的；

(3) 经评价确定的其他较大风险。

对于其他一般危险源，其风险等级应结合实际选取适宜的评价方法综合确定。

5.3.5 风险评价与分级

依据山东省《引调水工程运行管理单位安全生产风险风级管控体系实施指南》和风险危险程度，按照从高到低的原则划分为重大、较大、一般和低风险 4 个风险等级，分别用“红、橙、黄、蓝”四种颜色表示：

重大风险(红色风险)：极其危险(一级风险)；

较大风险(橙色风险)：高度危险(二级风险)；

一般风险(黄色风险)：中度危险(三级风险)；

低风险(蓝色风险)：轻度危险(四级风险)。

5.3.6 风险区域等级确定

风险区域等级应按照对应危险源的等级确定，风险区域中各危险源评价出的最高风险等级作为风险区域的风险等级。当一个风险区域对应多个危险源，目危险源等级不同时，应按最高风险等级的危险源确定风险区域等级。

5.4 风险分级控制及措施(融合防范机制)

5.4.1 管理措施

主要包括以下内容：

(1) 制定实施安全管理制度、作业程序、安全许可、安全操作规程等，规范和约束人员的管理行为与作业行为，进而有效控制风险的出现。比如工作票制度、操作票制度、巡检制度、设备定期试验制度、设备检修管理制度、设备变更管理制度、工程安全监测制度、调度管理制度、检修规程、运行规程、现场作业规程等。

（2）制定实施运行调度规程、计划。比如编制供水方案、维修养护计划，工程观测计划、年度引（用）水计划、职工年度培训计划等。

（3）检查、巡查，尤其是汛期前后、暴雨、大洪水、有感地震、强热带风暴、调水期前后或持续高水位、冰冻期等情况。

（4）预警和警示标识。比如在风险的地点或场所，配置醒目的安全色、安全警示标志，或者设置声、光信号报警装置，提醒作业人员注意安全。

（5）轮班制以减少暴露时间。比如减少作业人员在泵房内的作业时间。

（6）检查管理和保护范围内有无影响枢纽建筑物安全和水质安全的各类现象。

（7）检查监测、照明、通讯、安全防护、防雷设施、交通道路等是否完好。

（8）严格按照规定进行安全鉴定。

（9）检查监测监控、警报和警示信号、安全互助体系，风险转移（共担）等。

5.4.2　工程技术措施

主要包括以下内容：

（1）消除、替代或控制，通过对装置、设备设施、工艺等的设计来消除、控制危险源。比如以无害物质代替危害物质、实现自动化作业等；替代是用低能量或无危害物质替代或降低系统能量，如较低的动力、电流、电压、温度等。

（2）封闭、隔离，对产生或导致危害的设施或场所进行密闭、隔离。比如设置临边防护，机械传动部位设置防护罩，设置围栏、隔离带、栅栏、警戒绳、安全罩、隔音设施等，把人与危险区域隔开，保持安全距离；或采用遥控作业等。

（3）移开或改变方向，如危险的位置。

5.4.3　教育培训措施

主要包括以下内容：

（1）开展三级安全教育培训，加强风险意识和对安全风险分级管控认识的培训，提高员工的安全知识和安全技能水平，使员工能够有效识别危害因素、控制风险。安全监督管理岗位负责制定单位年度安全培训计划，各岗位、班组对单位计划进行分解，结合实际制定本岗位、班组培训计划，建立三级安全培训档案。

（2）单位应通过班前班后会、专题讲座、技术培训讲课、安全规程培训考试、安全知识竞赛、安全月活动等多种形式开展安全教育培训工作。

（3）培训计划、内容等要明确计入双控体系的相关内容，且培训时长不少于 8 学时。

（4）检修作业项目开工前工作负责人应对全体工作班成员进行危险点分析和预控措施（包括运行应采取的措施和检修人员自理措施）和安全注意事项交底，接受交底的人员应签名确认。

5.4.4 个体防护措施

主要包括以下内容：

(1) 职工使用劳动防护用品与安全工器具防止人身受到伤害。常见防护用品包括：安全帽、安全带、安全绳、救生衣、救生圈、绝缘手套、绝缘杆、防护手套、防尘口罩、耳塞、防滑鞋、绝缘靴(鞋)、酸碱防护服、焊工防护服、防静电服、防烟(毒)面罩、呼吸器、护目镜等；

(2) 当处置异常或紧急情况时，必须佩戴相应、有效的防护用品；

(3) 当发生变更，但风险控制措施还没有及时到位时，应考虑佩戴防护用品。

5.4.5 应急处置措施

各单位分别制定综合应急预案、专项应急预案，各管理处分别制定现场处置方案。配备应急队伍、物资、装备等，定期开展相关演练，提高应急能力。

编制应急处置方案时，应根据可能发生的事故类型或后果制定有针对性的、可操作性强的现场处置措施。应急处置措施包括现场应急物资投入使用、事故后紧急疏散、伤员紧急救护(触电急救、创伤急救、溺水急救、高温中暑急救、中毒急救)、事故现场隔离等措施。如发生触电事故，首先应使触电者迅速脱离电源，再根据情况进行心肺复苏抢救等。

5.4.6 风险控制措施确定原则

在选择风险控制措施时，考虑以下内容：

(1) 措施的可行性、有效性、先进性、安全性和经济合理性；

(2) 使风险降低到可接受的程度；

(3) 不会产生新的风险；

(4) 已选定最佳的解决方案。

5.4.7 风险控制措施评审

评审基本原则：风险控制措施的可行性、安全性、可靠性、重点突出人的因素。

风险控制措施应在实施前针对以下内容进行评审：

(1) 措施的可行性和有效性；

(2) 是否使风险降低至可接受风险；

(3) 是否产生新的危险源或危险有害因素；

(4) 是否已选定最佳的解决方案。

5.5 安全风险告知(融合预警机制)

5.5.1 干线公司建立了安全风险公告制度,定期组织风险教育和技能培训,确保本单位从业人员和进入风险工作区域的外来人员掌握安全风险的基本情况及防范、应急措施。在醒目位置和重点区域分别设置安全风险公告栏,制作岗位安全风险告知牌及职业健康告知牌,标明工程或单位的主要安全风险名称、等级、所在工程部位、可能引发的事故隐患类别、事故后果、管控措施、应急措施及报告方式等内容;对存在重大安全风险的工作场所和岗位,要设置明显警示标志,并强化监测和预警。

安全防范与应急措施要告知可能直接影响范围内的相关单位和人员。

5.5.2 岗位职业健康告知牌,标明主要岗位作业活动过程中存在的职业危害因素、评价级别、风险等级、导致的职业病或健康损伤、应采取的管控及相应的管理级别等。

5.5.3 对较大风险及以上的危险源要进行监测监控、公示和告知,采用公告栏、公示牌、标识牌、告知卡、安全警示标志、二维码和安全技术交底等多种形式,危险源公示和告知主要包含以下内容:

(1) 至少对较大风险及以上级别的危险源设施标示牌进行告知。应在醒目位置设置危险源公示牌,公示牌应注明风险点、危险源、风险级别、可能出现的后果、控制措施、管控层级和责任人等内容,标识牌应根据危险源风险级别对应的颜色,分色标示;警示告知牌大小适中,内容科学合理。

(2) 对作业人员宜采用发放告知卡形式进行告知,告知卡包含本岗位的风险点、危险源、风险级别、可能出现的后果、控制措施、管控层级和责任人等内容。

(3) 单位应对重大危险源设置安全警示标志,主要在管理范围出入口处、水工建筑物醒目位置、渠道、管道、起重机械、用电设施、出入通道口、楼梯口、电梯井口、孔洞口、桥梁口、临边、临水等危险部位,安装、设置监测监控系统和明显的安全警示标志。监测监控及安全警示标志必须符合国家规范标准。

(4) 工程设施、机(泵)房、配电室等部位或场所安装设置的变形、内力等监测监控自动化预警系统,二维码等图示应包含风险点信息、危险源的管控内容等。

5.6 分级管控的效果

通过风险分级管控建设,提高安全运行管理水平,并达到以下效果:

(1) 干线公司安全生产风险分级管控制度和管控措施得到改进和完善,风险管控能力得到加强;部分原有的风险通过增加新的管控措施使其降低了风险等级;

(2) 通过体系建设开展危险源辨识和风险评价,全体人员熟悉、掌握了风险分级管控的相关知识,并能掌握到科学、规范、有效的安全管理方法,安全意识、安全技能和应急处置能力得到了进一步提高;

(3) 职工能明确所从事岗位的风险和安全管控的重点，能充分认识到安全管理工作的重要性；建立健全了安全工作奖励机制和风险隐患举报奖励机制；

(4) 重大风险的公示、标识牌、警示标志得到完善，岗位安全风险告知牌标明的内容更全面翔实(包括安全风险点、可能引发事故类别、事故后果、管控措施、应急措施及报告方式等内容)；

(5) 对存在较大及以上风险的工作场所和岗位，设置了明显警示标志，对风险分级管控清单中存在的风险点、危险源及采取的措施通过培训等方式告知各岗位人员及相关方，使其掌握了规避风险的措施并落实到位；

(6) 重大风险场所、部位和属于重大风险的作业，得到了全过程的、有效的安全管控，并建立完善了专人监护制度，确保安全风险处于可控状态；

(7) 职业健康管理水平进一步得到提升；

(8) 根据持续改进的有效风险控制措施，能完善隐患排查治理项目清单，使隐患排查治理工作更有针对性。

5.7 动态管控风险

根据水利部有关要求和《山东省安全生产风险管控办法》等规章，两典型单位(包括干线公司)高度重视危险源风险的变化情况，动态调整危险源、风险等级和管控措施，确保安全风险始终处于受控范围内。建立专项档案，按照有关规定定期对安全防范设施和安全监测监控系统进行检测、检验，组织进行经常性维护、保养工作并做好记录。

对相关法律法规、技术标准发布(修订)后，新增、更新、维修设备，新的生产工艺、技术、新材料部位，新岗位及岗位人员变动，灾害、事故过后，故障排除后，环境变化等情况，都要进行动态的危险源辨识和风险评估，并及时分级管控。

对动态辨识确认的新增重大危险源和风险等级为“重大”的一般危险源，按照有关要求独立建档，动态管理，并要求：

(1) 落实管控责任人、措施、资金、预案、防护和警示；

(2) 按职责范围报属地水行政主管岗位备案，危险化学品重大危险源按规定同时报有关应急管理岗位备案；

(3) 在重大危险源场所设置明显的安全警示标志，强化监测和预警；

(4) 制定重大危险源和重大风险事故应急预案，做到“一源一案”，建立应急救援组织或配备应急救援人员，配备必要的防护装备及应急救援器材、设备、物资等；

(5) 应急措施和预案要告知可能直接影响范围内的单位和人员并落实防护措施；

(6) 人员变动时必须工作交接、责任交接，同时变更相关的登记、档案资料并及时归档。

6

事故隐患排查与治理

6.1 隐患分级

根据隐患整改、治理和排除的难度及其可能导致事故的后果和影响范围，分为一般事故隐患和重大事故隐患。

6.1.1 一般事故隐患

一般事故隐患是指危害和整改难度较小，发现后能够立即整改排除的隐患。

6.1.2 重大事故隐患

重大事故隐患是指危害和整改难度较大，无法立即整改排除，需要全部或者局部停产停业，并经过一定时间整改治理方能排除的隐患，或者因外部因素影响致使生产经营单位自身难以排除的隐患。

以下情形为重大事故隐患：

(1) 依据水利部《水利工程生产安全重大事故隐患清单指南(2023年版)》(办监督〔2023〕273号)直接判断的；

(2) 依据《重大火灾隐患判定方法》(GB 35181—2017)判定的；

(3) 依据其他相关规范、标准及规定判定的。

6.2 分类

6.2.1 基本要求

事故隐患分为基础管理类隐患和生产现场类隐患。

6.2.2 基础管理类隐患

基础管理类隐患包括以下方面存在的问题或缺陷：

(1) 安全生产管理机构及人员；

(2) 安全生产责任制；

(3) 安全生产管理制度；

(4) 教育培训；

(5) 安全生产管理档案；

(6) 安全生产投入；

(7) 应急管理；

(8) 职业卫生基础管理；

(9) 相关方安全管理；

(10) 基础管理的其他方面。

6.2.3 生产现场类隐患

生产现场类隐患包括以下方面存在的问题或缺陷：

(1) 设备设施类；

(2) 从业人员操作行为类；

(3) 场所环境类(包括供配电设施、临时用电及动火、辅助动力系统、消防及应急设施、职业卫生防护设施及现场其他方面)。

6.2.4 事故隐患的排查治理

隐患排查治理是生产经营单位安全生产管理过程中的一项法定工作，根据安全生产法第四十一条规定，生产经营单位应当建立安全风险分级管控制度，按照安全风险分级采取相应的管控措施。生产经营单位应当建立健全并落实生产安全事故隐患排查治理制度，采取技术、管理措施，及时发现并消除事故隐患。事故隐患排查治理情况应当如实记录，并通过职工大会或者职工代表大会、信息公示栏等方式向从业人员通报。其中，重大事故隐患排查治理情况应当及时向负有安全生产监督管理职责的部门和职工大会或者职工代表大会报告。

工作程序——制定排查清单、编制排查计划、隐患排查的标准和分级、整改治理及验收等。

工作内容——排查范围、排查标准、排查类型、排查周期、组织级别、隐患等级等信息。

6.2.5 事故隐患排查计划

干线公司各管理局针对本辖区泵站、水库(水闸和渠系参照)工程隐患排查清单及实际情况组织制定隐患排查计划，明确排查时间、排查目的、排查要求、排查类型、排查范围、组织级别、资金保障等，并以文件形式下发。要注意排查计划的格式、内容要规范、合规、科学等，时间安排应合规、合理。

隐患排查计划表见附表 C。

6.3 编判排查项目清单

6.3.1 排查登记

根据《水利工程生产安全重大事故隐患清单指南(2023 年版)》(办监督〔2023〕273 号)、《引调水工程运行管理单位安全生产风险分级管控体系实施指南》(DB37/T 4266—2020)及相关的规范、标准等文件，结合工程运行及安全管理的要求，对干线公司泵站、水库(水闸和渠系参照)等工程分别编判隐患排查清单,隐患排查清单包括基础管理类隐患排查清单和生产现场类隐患排查清单。

根据有关法律法规、技术标准和判定标准对排查出的事故隐患进行科学合理判定。判定标准清单中列出了常见隐患内容,单位根据判定清单(指南)所列隐患的危害程度、结合工程实际情况和判定解析含义判断隐患,也可根据工作经验采用其他方式方法来判定,判定完成后详细登记台账。按照本指导书的附表C执行,依此得出本单位的直判重大事故隐患清单。对于判定出的一般安全事故隐患、重大事故隐患,要立即组织整改,不能立即整改的,要做到整改责任、资金、措施、时限和应急预案"五落实"。

事故隐患判定严格执行国家和水利行业有关法律法规、技术标准,对相关隐患判定另有规定的,适用其规定。

重大事故隐患及其整改进展情况需经本单位负责人同意后报有管辖权的水行政主管部门。

6.3.2 判定注意事项

(1) 隐患判定应认真查阅有关文字、影像资料和会议记录,并进行现场核实。

(2) 对于涉及面较广、复杂程度较高的事故隐患,要进行集体讨论或专家技术论证。

(3) 集体讨论或专家技术论证在判定重大事故隐患的同时,明确重大事故隐患的治理措施、治理时限以及治理前应采取的防范措施。

(4) 经风险评价确定为高级别风险的隐患,要管控、降级、替代、治理。

(5) 直接判断:根据《水利工程生产安全重大事故隐患清单指南(2023年版)》,结合工程实际解析判定。

(6) 综合判定:根据《水利工程生产安全重大事故隐患清单指南(2023年版)》,依据基础管理类、生产现场类隐患排查清单,结合工程实际解析逐项判定。

(7) 根据单位特点,绘制隐患分布位置总图;消防系统总图;危险化学品分布图(有的)并落实相关管理、告知措施。

(8) 安全监测、观测系统管理同时执行《水利水电工程安全监测系统运行管理规范》(SL/T 782—2019)。

6.3.3 水利工程运行管理生产安全重大事故隐患清单指南(2023版)

见附录E 水利工程运行管理生产安全重大事故隐患清单指南。

6.4 排查实施及标准

6.4.1 排查实施

单位遵照制定的隐患排查计划,对照隐患排查清单,依据基础安全管理要求和确定的各类风险的控制措施形成排查标准，确定排查类型、人员数量、时间安排及排查方式，按照排查组织级别，组织各相关部门和人员进行隐患排查。隐患排查应全面覆盖、责任到人，对排查出的事故隐患，进行评估分级，填写隐患排查记录，按规定登记上报。

排查内容包括：排查范围、排查内容与排查标准、排查类型、排查周期、组织级别、隐患等级等信息。

6.4.2 排查类型与周期

泵站、水库（水闸和渠系参照）工程管理根据相关要求，结合自身组织架构、管理特点，确定各隐患排查类型的周期，可根据上级主管部门的要求等情况，增加隐患排查的频次。常用隐患排查频次如下：

(1) 日常隐患排查根据相关规程、管理制度及各单位实际情况确定，结合其他检查，每周不少于一次，有关岗位要每天检查；

(2) 定期隐患排查，每年调（供）水期前后、汛前、汛中、汛后，冰冻期前后；

(3) 特别隐患排查，当发生特大洪水、暴雨、台风、地震、工程非常运用和发生重大事故等情况时；

(4) 综合性隐患排查，管理局每季度组织一次；

(5) 专项隐患排查，每月开展一次；

(6) 重大活动及节假日期间隐患排查，重大活动及节假日期间开展；

(7) 事故类隐患排查，在同类单位或项目发生伤亡及险情等事故后；

(8) 专业诊断性检查（安全鉴定），根据法律、法规及行业有关规定或工程实际需要开展。

(9) 单位可根据实际情况将不同排查类型结合进行。

排查实施注意事项：

(1) 安全鉴定应根据法律、法规及行业有关规定或工程实际委托相关单位或专家进行；

(2) 排查中遇到使用新的施工工艺、新的材料、新的动能燃料等要查清名称、使用方法、适用范围等事项，并对其合法、合规性复核，按照其相关的规范标准使用、管理和防护；

(3) 当电机、水泵、电器及相关设备等发现声音、温度、震动等运行状况异常时应尽快停机检查，查找真正、确切原因，并采取科学合理措施处理、治理；条件允许的情况下尽量录音录像取证，以备技术论证等；

(4) 注意隐患清单与设备清单的关联关系，做到不漏项。

6.5　隐患的检查和治理(安全监测数据的整编和分析报告)

6.5.1　隐患排查

隐患排查的具体内容见附表D:南水北调东线山东干线工程安全事故隐患检查表。

6.5.2　隐患治理原则

进行隐患治理时,考虑以下原则:

(1) 隐患治理坚持分级治理、分类实施、边排查边治理的原则,对排查出的隐患,单位按照职责分工实施监控治理;

(2) 排查过程中能立即整改的隐患必须立即整改,无法立即整改的隐患,要制定整改计划,并将隐患名称、位置、不符合状况、隐患等级、治理期限及治理措施要求等信息进行公示;

(3) 隐患治理要做到方案科学、资金到位、治理及时、责任到人、限期完成。治理前要研究制定防范措施,落实监控责任,防止隐患发展为事故。

(4) 重视由安全监测数据及整编分析报告得到的工程状况和隐患问题,并相应预警。

6.5.3　隐患治理流程

隐患治理流程如下:

(1) 在隐患排查中发现隐患,向隐患存在单位(班组、岗位)下发隐患整改通知书,隐患排查部门和隐患存在单位(班组、岗位)的责任人在隐患整改通知书上签字确认;

(2) 隐患排查结束后,将隐患情况及时进行通报;

(3) 隐患存在单位(班组、岗位)在接到隐患整改通知书后,立即组织相关人员针对隐患进行原因分析,制定可行的隐患治理措施或方案,并组织人员进行治理;

(4) 隐患存在单位(班组、岗位)在隐患治理结束后,向隐患排查部门提交书面的隐患整改报告,隐患整改报告应根据隐患整改通知单的内容,逐条将隐患整改情况进行回复;

(5) 隐患排查部门在隐患整改后,组织相关人员对隐患整改效果进行验收,并在隐患整改报告上对复查情况进行记录确认。

6.5.4　一般事故隐患治理

由岗位、班组负责人或者有关人员负责组织整改。按照要求应立即整改的隐患应立即组织整改,整改情况要安排专人进行确认。

现场能够立即整改的进行应立即整改。对于暂时不能整改的一般事故隐患,由组织排查单位对隐患责任单位(岗位和班组岗位)开具事故隐患整改通知单,责任单位(岗位和班组岗位)按要求制定整改计划(整改计划内容包括:存在问题原因分析、整改措施、整改资金来源、整改负责人、整改期限、整改前采取的防范措施或预案),限期整改。

6.5.5 重大事故隐患治理

判定属于重大事故隐患的,现场立即采取有效的安全防范措施,防止事故发生。同时相应责任单位及时组织上报和评估、确定隐患影响范围和风险程度,提出监控、治理措施及治理期限等,并编制事故隐患评估报告书。根据评估报告书相关内容制定重大事故隐患治理方案。

治理方案包括下列主要内容:

(1) 治理的目标和任务;

(2) 采取的方法和措施;

(3) 经费和物资的落实;

(4) 负责治理的机构和人员;

(5) 治理的时限和要求;

(6) 治理过程中的安全措施和应急预案;

(7) 治理后评估验收和移交。

整改过程注意以下几点:

(1) 隐患排除前或者排除过程中无法保证安全的,应当从危险区域内撤出作业人员,并疏散可能危及的其他人员,设置警戒标志,危险区域内暂时停工或者停止使用相关设施设备、作业活动;对暂时难以停工或者停止使用的相关设施设备、作业活动,制定可靠的措施,并落实相应的责任人和整改完成时间。

(2) 治理期间,相关单位主要负责人及时组织落实相应的安全防范措施,防止事故或次生灾害发生。治理工作结束后,单位组织相关技术人员和专家对重大事故隐患的治理情况进行评估,或委托具备相应技术能力的安全评价机构对重大事故隐患的治理情况进行评估和结论。

(3) 上级政府和有关部门挂牌督办并责令全部或者局部停工治理的重(特)大事故隐患,治理工作结束后,对治理情况进行评估;经治理后符合安全生产条件的,单位向上级主管部门和政府监管部门申请核销隐患并提出恢复生产的书面申请,有关部门审查同意后方可恢复生产经营。恢复生产的书面申请内容要包括隐患项目、治理方案、整改情况和(专业)评价报告。

6.6 隐患治理验收

一般事故隐患和重大事故隐患治理验收程序如下:

6.6.1 一般事故隐患整改完成后,单位安全管理人员进行一般事故隐患整改效果验证，并将验证整改情况记录在《事故隐患排查治理台账》。

6.6.2 重大事故隐患整改完成后，组织相关部门负责人、专家、技术人员等进行复查评估、验收，验收合格后进行签字确认，并将整改情况记录在《重大事故隐患排查治理台账》，实现闭环管理。

6.6.3 事故隐患治理档案应包括以下信息：隐患名称、隐患内容、隐患编号、隐患所在单位(部位)、专业分类、归属职能部门、评估等级、整改期限、治理方案、整改完成情况、相关会议纪要、验收评估报告、正式文件等。

6.6.4 验收注意事项

(1) 事故隐患整改完毕后，应向隐患整改通知单签发部门提交隐患整改报告，隐患整改报告包括隐患整改的责任人、采取的主要措施、整改效果和完成时间、相关整改影像资料以及验收资料等。

(2) 对政府督办、上级水行政主管部门挂牌督办并责令停建停用治理的重大事故隐患，验收评估报告经上级水行政主管部门审查同意方可销号；其他程序按有关规定执行。隐患治理项目验收后，单位将其资料与竣工验收报告、竣工验收资料(表)一并归档。

(3) 已竣工并投入正常运行的隐患治理项目(设施)，单位组织工程、技术、设备、安全等部门和生产、维护、施工、安装单位进行技术交底和培训学习，同时更新相应的操作规程。

(4) 有关单位同时将相关证件(合格证、使用说明等)和技术管理资料，移交生产、维护单位和相关职能部门。

6.7 事故隐患的报告和统计分析

6.7.1 单位和个人发现事故隐患，均有权向各级安全管理部门报告，各级安全管理部门接到事故隐患报告后，应当按照职责分工立即组织核实并予以查处。

6.7.2 鼓励和奖励社会人员、职工对事故隐患举报，单位主要领导负责受理各类安全问题的举报，接到举报后立即核实并予以查处，并做好记录备查，处理的结果予以及时回复。

6.7.3 各单位应当每月对本单位内事故隐患排查治理情况进行评审、分级和统计分析，并于每月定期逐级上报，统计分析情况应当由各单位主要负责人签字或盖章认可；每季度、每年对本单位事故隐患排查治理情况进行统计分析，并分别于下季度 15 日前和下一年度 1 月 31 日前向上级报送，书面统计情况分析应当由单位主要负责人签字确认。

泵站、水库等单位自动监测(人工观测校核)得到的数据，是对工程设施的“体检”报告和事故隐患的数字预报，具有一定的准确性、可靠性、完整性，将其换算成监测物理量测值，并判断测值有无异常，自动化系统监测（观测）的数据如有异常，应及时对采集的数据进行甄别、处理并进行人工校核，同时结合巡视检查发现问题的描述、发现时间、发展变化情况、原因分析、处理措施和效果等，对相关数据进行初步分析和综合分析，判断数据异常的真正原因和隐患之处。初步分析应在监测资料整理与整编基础上，对报表数据、过程线图、分布图、相关性图等定性分析，重点分析各监测物理量的变化规律及其对工程安全的影响，突出规律性、趋势性分析和异常现象诊断，提出影响工程安全性态的可能因素。分析、绘制监测物理量过程线图表时，应同时绘制相关环境量的过程线，还应绘制能表示各监测物理量在时间和空间上的分布特征图和与有关因素的相关图。资料整编及分析各监测物理量的变化规律，对监测系统运行提出意见或建议。

综合分析采用定性、定量相结合的多种方法，评估工程运行状态，提出或调整运行监控指标，出具专题分析报告。在工程安全鉴定、遭遇特殊工况、出现异常或险情时，应开展综合分析。综合分析可委托有经验的单位承担。

在统计分析的基础上，认真总结经验，吸取教训，为全面做好安全工作提供报告经验和基础支持。

6.8 工程平稳安全运行管理及效果

通过安全风险有效管控、隐患排查治理，判定、排查出的重大事故隐患做到了整改措施、资金、时限、责任和预案“五落实”，并按计划组织实施，使重大事故隐患处于整改治理和严格的受控状态，确保不发生安全事故。一般事故隐患得到了及时的治理和完善，泵站、水库（及干线公司）工程能够平稳、安全运行，同时有以下效果：

（1）全体人员熟悉、掌握风险管控及隐患排查治理的相关知识、方法，安全意识得到提升；

（2）风险管控和事故隐患排查制度得到完善；

（3）各级风险管控和排查责任得到进一步落实；

（4）职工风险管控和隐患排查水平得到进一步提高；

（5）各级风险得到有效管控，事故隐患得到彻底治理，达到生产安全零事故目标；

（6）职业健康管理水平进一步提升；

（7）进一步明确风险管控和隐患排查治理运行责任并对其结果进行考核，考核结果作为从业人员职务调整、收入分配等的重要依据。

7

信息化、智慧化管理

7.1 信息化管理

泵站、水库(及干线公司)等建立风险分级管控和事故隐患排查治理信息档案管理制度。上述危险源辨识、风险评价、分级管控相关信息录入风险分级管控体系信息平台中,建立泵站、水库(干线公司)系统安全风险数据库,加强基础信息管理,实现安全风险信息报送、统计分析、分级管理和动态管控功能信息化、自动化、智慧化。各单位如实记录风险分级管控和事故隐患排查治理情况,有关信息内容按规定上报并进行公示和告知,保障信息管理正常、规范。

涉及重大风险时,其辨识、评价过程记录,风险控制措施及其实施和改进记录等,应单独建档管理。

风险管控信息资料应包括:风险管控制度;风险分级管控作业指导书;风险点登记台账;作业活动清单、设备设施清单、区域场所清单;风险分级管控清单等;重大风险管理档案等。

7.2 智慧化管理(数智化、数字孪生技术应用等)

关于智慧化管理工作,按照水利部《关于开展智慧水利先行先试工作的通知》(水信息〔2020〕46 号)和《智慧水利总体方案》确定的总体架构,以全面互联、智能应用和泛在服务等方面为基础,依托干线公司现有设施设备和技术开展智慧水利先行先试,加强物联网、视频、遥感、大数据、人工智能、5G、区块链等与运行调度、工程管理的深度融合,探索智慧水利、智慧供水和调度的成功路径,完成先行先试任务,形成可推广可复制应用的成果,引领和带动水利行业快速健康发展。

泵站水库及干线公司各级都积极推进实施智能化技术管理,对重点区域、重要部位和关键环节的远程监控、自动化控制与管理、自动预警设备设施加强升级改造和维护,并及时更新换代,强化技术安全防范措施,确保工程设施良好、安全运行。

关于水利工程数字孪生技术,干线公司在邓楼泵站进行试点作业,取得了初步成效,会根据情况推广试点,再结合水利业务“四预”(预报、预警、预演、预案)建设,这将大大提高干线公司的工程管理水平。水利数字孪生工程需要数据底板、模型平台、知识平台作为支撑,整合梳理设计、监测、感知和其他行业渠道获取的相关数据,补充完善数据底板中的数据资源,建设泵站、水库等工程管理业务需要的水利专业模型、智能模型等,这是数字化场景构建的基础,是智慧化模拟参数计算与迭代更新的依据,是数字孪生工程(泵站、水库、水闸等)智慧管理体系建设的“基石”。我们要从基础做起,建设真正意义上的数字孪生工程,为“四预”措施提供支撑,为全面、可靠的安全管理提供根本保障。

8

档案文件管理及动态分析调整

8.1　档案文件管理

对于档案文件的管理，山东干线公司有自己的企业标准和管理制度，较为标准完整的保存体现风险分级管控和隐患排查治理过程的记录资料，并分类建档管理。

8.1.1　风险管控档案包括：风险分级管控制度、风险点统计表、危险源辨识与风险评价记录，以及风险分级管控清单、危险源统计表等内容的文件化成果；涉及重大、较大风险时，其辨识、评价过程记录，风险控制措施及其实施和改进记录等，要单独建档管理。

风险管控信息资料至少(且不限于)包括：

(1) 风险管控制度；

(2) 风险分级管控作业指导书；

(3) 风险点登记台账；

(4) 作业活动清单、设备设施清单、区域场所清单；

(5) 工作危害分析(JHA)评价记录；

(6) 安全检查表分析(SCL)评价记录；

(7) 风险分级管控清单等；

(8) 重大风险管理档案。

8.1.2　隐患排查治理，对于重大事故隐患，建立独立的信息档案管理。隐患排查治理信息资料至少(且不限于)包括：

(1) 隐患排查治理作业指导书；

(2) 隐患排查治理制度；

(3) 隐患排查治理活动计划；

(4) 事故隐患排查、治理台账；

(5) 隐患排查治理公示公告；

(6) 隐患整改通知单、隐患整改报告；

(7) 重大事故隐患治理方案；

(8) 相关的技术交底、培训教育资料；

(9) 整改完成、验收销号资料。

如实记录风险管控和事故隐患排查治理信息档案，并按规定定期上传上报、公示和告知，及时整编、统计归档入册。

数字化档案资料、自动化监测数据库应由专用介质存储，适时备份，妥善保存。

8.2　动态分析调整

根据本指南“5.7 动态管控风险”所辨识、评估的有关内容，泵站水库等单位对危险源风险的变化情况，动态调整危险源、风险等级和管控措施，确保安全风险始终处于受控范围内。要建立专项档案，按照有关规定定期对安全防范设施和安全监测监控系统进行检测、检验，组织进行经常性的维护、保养并做好记录。

（1）制定重大危险源和重大风险事故应急预案，做到“一源一案”；

（2）人员变动时必须工作交接、责任交接，同时变更相关的登记、档案资料并及时归档；

（3）根据危险源动态管理风险管控档案、隐患排查与登记台账、管控、治理通知书或告知书、管控、治理措施及责任、评估验收及移交等记录、资料，同时进行动态、翔实的全面分析调整，并形成闭环管理；

（4）及时掌握危险源的状态及其风险的变化趋势，更新危险源及其风险等级和管控措施。

9

持续创新与展望

9.1 总结评审

《山东省安全生产风险管控办法》第八条规定，生产经营单位应当将风险管控纳入全员安全生产责任制，建立健全安全生产风险分级管控制度，明确风险点排查、风险评价、风险等级和确定风险管控措施的程序、方法和标准等内容。

根据要求，山东干线公司应当每年至少开展1次风险管控评审，保障管控措施持续有效，适时进行质检和完善。有下列情形之一的，应当及时开展风险管控评审：

(1) 发生生产安全事故的；

(2) 安全生产标准和条件发生重大变化的；

(3) 单位组织机构发生重大调整的；

(4) 生产工艺、材料、技术、设施设备等发生一定改变的；

(5) 其他需要开展评审的情况。

9.2 更新与创新

《国家水网建设规划纲要》(2021—2035年)中提出，国家治水思路是"节水优先、空间均衡、系统治理、两手发力"，建设总要求是"系统完备、安全可靠，集约高效、绿色智能，循环通畅、调控有序"。这是我国一个时期内水利建设的总纲领。

通过智慧化模拟，支撑水网全要素预报、预警、预演、预案的模拟分析，提供智慧化决策支持，提升水网调度管理智能化水平，提高水网防洪、供水、生态等综合调度管理水平。要同步建设数字孪生水网，增强水网调控运行管理的预报预警预演预案能力。要将新发展理念贯穿水网规划、设计、建设、运行、管理全过程，统筹水安全、水生态、水经济、水民生，着力健全完善水灾害防御、水资源调配、水生态保护、智慧化水网体系。

目前山东干线工程具有一定程度的智慧化、自动化水平。智慧水利特征之一是行动的自主实施。数字系统主要作为决策辅助，仅仅延伸了人的手脚，扩展了人的知觉，但各个组成部分(子系统)还处于一种离散、脱节状态，尤其控制反馈功能较弱，就像"思维的巨人、行动的侏儒"。智慧系统能够在没有人为干预的状态下，自主落实优选方案，实现从识别、判断到控制、反馈的完整环节。目前仍有一些关键性技术还待研发，人与系统的结合还需不断调整，并且对原有系统的整合升级也是今后一个时期的重要任务，数字孪生技术、智慧系统与非智慧系统还将并存。参考计算机CPU发展的摩尔定律，相信在21世纪能够看到智慧水利乃至智慧水网、智慧社会的全面实现。

通过努力构建数字孪生工程场景，融合全要素全时空数据，建设模型算法，实现水利业务"四预"功能的建设，定能提升引调水工程应用可视化、智能化、精准化能力。

基于山东干线工程的运行实践，南水北调工程灵活运用数字孪生技术，配合地方工程提升了汛期洪涝风险防控和应对能力，也是引调水工程的创新运用和功能扩展，在一定层面上应该做出有益的研究和探讨。

另外探讨双控体系数智平台,一张图、一张管理清单表、一本台账、一个融合平台等管理技术的简易化建设,研究引进智能设备、智能安全帽等,融合各监测、监控、自动化等子系统等。

9.3 交流与沟通

(1) 与一线生产工作人员交流沟通;

(2) 与其他行业、领域交流沟通;

(3) 与政府机关、部门交流沟通。

附录 A-1　某水库风险分级及管控成果表

水库工程重大风险管控清单

风险点：围坝　　危险源：坝肩绕坝渗流，坝基渗流，土石坝坝体渗流　　类别：构(建)筑物类　　分表 05-序号 1

检查项目			不符合标准发生的事故类型及后果	风险分级	责任单位	管控层级	责任人	应有控制措施					备注
序号	名称	标准						工程技术措施	管理措施	培训教育措施	个体防护措施	应急处置措施	
1	坝肩绕坝渗流	近坝水面无冒泡、变浑、漩涡、冬季不冻等异常现象；砌块表面无溶蚀或水流侵蚀现象；定期开展大坝安全鉴定	类型：变形、位移、失稳、溃坝 后果：洪涝灾害、财产损失、人身伤害	重大风险	某管理局	单位	×××		1. 批准工程检查巡查、维修养护制度； 2. 组织汛前、汛中、汛后、调水前后、冰冻和融冰期及重大节假日进行综合检查； 3. 组织极端天气、有感地震、库水位骤升骤降，以及其他影响大坝安全的特殊情况时的特别检查	对管理处培训进行监督	监督检查管理处所需个人防护物品的配备情况	1. 批准渗流、管涌现场处置方案； 2. 监督检查水库防汛物资的配备情况	
						部门	×××		1. 组织编制工程检查巡查、维修养护制度； 2. 组织汛前、汛中、汛后、调水前后、冰冻和融冰期及重大节假日进行综合检查； 3. 组织极端天气、有感地震、库水位骤升骤降，以及其他影响大坝安全的特殊情况时的特别检查	组织开展学习《土石坝安全监测技术规范》《南水北调东线山东段平原水库工程安全监测规程（修订）》《东湖水库工程安全监测实施细则（修订版）》《南水北调东线山东干线水库工程管理和维修养护标准》等制度规程培训	配备救生衣、防滑鞋及防暑、防寒等防护用品	1. 组织编制渗流、管涌现场处置方案； 2. 接到应急信息，组织救援，预判后上报管理局； 3. 配备水库防汛物资	

续表

检查项目			不符合标准发生的事故类型及后果	风险分级	责任单位	管控层级	责任人	应有控制措施					备注
序号	名称	标准						工程技术措施	管理措施	培训教育措施	个体防护措施	应急处置措施	
2	坝基渗流	坝趾无裂缝、剥落、滑动、隆起、塌坑、雨淋沟、散浸、积雪不均匀融化、冒水、渗水坑或流土、管涌等现象。滤水坝趾、减压井（或沟）等导渗降压设施无异常或破坏现象。排水反滤设施无堵塞和排水不畅，渗水无骤增骤减和发生浑浊现象。定期开展大坝安全鉴定	类型：变形、位移、失稳、溃坝 后果：洪涝灾害、财产损失、人身伤害	重大风险	某管理局	班组	×××		1. 编制工程检查巡查、维修养护制度； 2. 设置水深危险、禁止入内等警示标志； 3. 做好养护单位的监管工作； 4. 每周组织一次专项检查； 5. 参加汛前、汛中、汛后、调水前后、冰冻和融冰期及重大节假日综合检查； 6. 参加极端天气、有感地震、库水位骤升骤降，以及其他影响大坝安全的特殊情况时的特别检查	进行学习《土石坝安全监测技术规范》《南水北调东线山东段平原水库工程安全监测规程（修订）》《东湖水库工程安全监测实施细则（修订版）》《南水北调东线山东干线水库工程管理和维修养护标准》等制度规程培训	检查岗位责任人救生衣、防滑鞋用品的佩戴情况	每年开展一次应急演练	
3	土石坝坝体渗流	无阴湿、渗水、管涌、流土或隆起等现象；排水设施完好。定期开展大坝安全鉴定	类型：变形、位移、失稳、溃坝 后果：洪涝灾害、财产损失、人身伤害			岗位	×××		1. 巡视检查：日常巡视检查一般每天1次；参与专项巡视检查、年度检查及特殊检查； 2. 巡视检查后认真填写检查记录； 3. 检查水深危险、禁止入内等警示标志是否齐全完好	1. 参加管理处组织的培训； 2. 学习《土石坝安全监测技术规范》《南水北调东线山东段平原水库工程安全监测规程（修订）》《东湖水库工程安全监测实施细则（修订版）》《南水北调东线山东干线水库工程管理和维修养护标准》等制度规程	正确穿戴救生衣、防滑鞋	参加演练	

水库工程重大风险管控清单

风险点:围坝　　危险源:观测与监测　　类别:管理类　　分表 06-序号 1

检查项目			不符合标准发生的事故类型及后果	风险分级	责任单位	管控层级	责任人	应有控制措施					备注
序号	名称	标准						工程技术措施	管理措施	培训教育措施	个体劳护措施	应急处置措施	
1		严格按照规定进行观测与监测工作。监测前检查监测设备是否齐全;按照规程进行监测,迎水面作业佩戴防护措施;监测数据及时记录,数据分析出现异常要及时复测、查找原因或上报问题	事故类型:设备损坏;淹溺风险后果:财产损失,人身伤害	重大风险	某管理局	单位	×××		管理大坝观测与监测实施工作	对管理处培训进行监督	监督检查管理处所需个人防护物品的配备情况		
						部门	×××		组织实施大坝观测与监测工作	组织开展学习《土石坝安全监测技术规范》《南水北调东线山东段平原水库工程安全监测规程(修订)》《南水北调东线山东干线水库工程管理和维修养护标准》培训	配备合格的个人防护物品	配备救生圈,救生衣,救生绳等救援物资	

续表

检查项目			不符合标准发生的事故类型及后果	风险分级	责任单位	管控层级	责任人	应有控制措施					备注
序号	名称	标准						工程技术措施	管理措施	培训教育措施	个体防护措施	应急处置措施	
1		严格按照规定进行观测与监测工作。监测前检查监测设备是否齐全；按照规程进行监测，迎水面作业佩戴防护措施；监测数据及时记录，数据分析出现异常要及时复测、查找原因或上报问题	事故类型：设备损坏；淹溺风险后果：财产损失，人身伤害	重大风险	某管理局	班组	×××		严格按照《土石坝安全监测技术规范》《南水北调东线山东段平原水库工程安全监测规程（修订）》开展监测工作。	1. 参加管理处组织的培训； 2. 学习《土石坝安全监测技术规范》《南水北调东线山东段平原水库工程安全监测规程（修订）》《南水北调东线山东干线水库工程管理和维修养护标准》等制度规程	正确穿戴工作服、安全帽、防滑鞋。夏季穿戴遮阳帽，做好防暑降温措施	1. 配备救生圈，救生衣，救生绳等救援物资； 2. 有人受伤时，现场人员立即按照应急处置卡的具体方法和程序进行救护	
						岗位	×××		严格按照《土石坝安全监测技术规范》《南水北调东线山东段平原水库工程安全监测规程（修订）》开展监测工作。	1. 参加管理处组织的培训； 2. 学习《土石坝安全监测技术规范》《南水北调东线山东段平原水库工程安全监测规程（修订）》《南水北调东线山东干线水库工程管理和维修养护标准》等制度规程	正确穿戴工作服、安全帽、防滑鞋。夏季穿戴遮阳帽，做好防暑降温措施	1. 正确使用救生圈，救生衣，救生绳等救援物资； 2. 有人受伤时，现场人员立即按照应急处置卡的具体方法和程序进行救护	

水库重大危险源清单

单位:南水北调东线山东干线有限责任公司某管理局某水库管理处

序号	区域位置	类别	项目	重大危险源	事故诱因	可能导致的后果	责任单位	管理处岗位责任人	管理处部门责任人	管理处主要负责人	管理局主要负责人	备注
1	某水库	构(建)筑物类	挡水建筑物	坝肩绕坝渗流,坝基渗流,土石坝坝体渗流	防渗设施失效或不完善	变形、位移、失稳、溃坝	某管理局	×××	×××	×××	×××	
2		管理类	运行管理	观测与监测	未按规定开展	设备设施严重损坏	某管理局	××	×××	×××	×××	

附录 A-2 东湖水库隐患排查(台账)成果表

基础管理类隐患排查清单

序号	排查项目	排查内容与标准	专项检查		综合性检查	
			部门/月	部门/季度	单位/半年	单位/年
1	安全目标	逐级制定年度安全目标、保证措施、工作计划,并履行编、审、批手续				√
2	安全管理机构的建立、安全生产责任制、安全管理制度的健全和落实	单位应当依法设置安全生产管理机构,配备专(兼)职安全生产管理人员。配备的安全生产管理人员必须能够满足安全生产的需要				√
		完善制定各级、各岗位安全职责,责任制中的安全职责范围与部门、岗位职责应一致、具体,已制定的岗位职责中应落实“党政同责”和“一岗双责”要求				√
		单位应建立安全生产责任制考核机制,对各级管理部门、管理人员及从业人员安全职责的履行情况和安全生产责任制的实现情况进行定期考核,予以奖惩				√
		单位应及时将识别、获取的安全生产法律法规和其他要求转化为本单位规章制度,结合本单位实际,建立健全安全生产规章制度体系。主要安全生产规章制度应包括但不限于:1. 目标管理;2. 安全生产承诺;3. 安全生产责任制;4. 安全生产会议;5. 安全生产奖惩管理;6. 安全生产投入;7. 教育培训;8. 安全生产信息化;9. 新技术、新工艺、新材料、新设备设施、新材料管理;10. 法律法规标准规范管理;11. 文件、记录和档案管理;12. 重大危险源辨识与管理;13. 安全风险管理、隐患排查治理;14. 班组安全活动;15. 特种作业人员管理;16. 建设项目安全设施、职业病防护设施“三同时”管理;17. 设备设施管理;18. 安全设施管理;19. 作业活动管理;20. 危险物品管理;21. 警示标志管理;22. 消防安全管理;23. 交通安全管理;24. 防洪度汛安全管理;25. 工程安全监观测;26. 调度管理;27. 工程维修养护;28. 用电安全管理;29. 仓库管理;30. 安全保卫;31. 工程巡查巡检;32. 变更管理;33. 职业健康管理;34. 劳动防护用品(具)管理;35. 安全预测预警;36. 应急管理;37. 事故管理;38. 相关方管理;39. 安全生产报告;40. 绩效评定管理		√		√
3	操作规程	单位应引用或编制安全操作规程,确保从业人员参与安全操作规程的编制和修订工作				√
		新技术、新材料、新工艺、新设备设施投入使用前,组织编制或修订相应的安全操作规程,并确保其适宜性和有效性		√	√	
		安全操作规程应发放到相关作业人员		√		√

续表

序号	排查项目	排查内容与标准	专项检查		综合性检查	
			部门/月	部门/季度	单位/半年	单位/年
4	安全教育培训	单位应当对从业人员进行安全生产教育和培训，保证从业人员具备必要的安全生产知识，熟悉有关的安全生产规章制度和安全操作规程，掌握本岗位的安全操作技能。从业人员应当接受教育和培训，考核合格后上岗作业；对有资格要求的岗位，应当配备依法取得相应资格的人员。				√
		单位采用新工艺、新技术、新材料或者使用新设备，必须了解、掌握其安全技术特性，采取有效的安全防护措施，并对从业人员进行专门的安全生产教育和培训		√		√
		单位主要负责人和安全生产管理人员应接受专门的安全培训教育，经安全生产监管部门对其安全生产知识和管理能力考核合格，取得安全资格证书后方可任职。主要负责人和安全生产管理人员安全资格培训时间不得少于 48 学时，每年再培训时间不得少于 16 学时				√
		单位必须对新上岗的从业人员等进行强制性安全培训，保证其具备本岗位安全操作、自救互救以及应急处置所需的知识和技能后，方能安排上岗作业。新上岗的从业人员安全培训时间不得少于 72 学时，每年接受再培训的时间不得少于 20 学时	√			
		从业人员在本单位内调整工作岗位或离岗一年以上重新上岗时，应当重新接受管理局、处和班组级的安全培训				
		单位特种作业人员应按有关规定参加安全培训教育，取得特种作业操作证，方可上岗作业，并定期复审				
		单位应当将安全培训工作纳入本单位年度工作计划。保证本单位安全培训工作所需资金。单位应建立健全从业人员安全培训档案，详细、准确记录培训考核情况				√
5	发（承）包工程（含租赁）及劳务派遣工和外来人员安全管理	发（承）包工程项目、租赁项目签订安全管理协议	√		√	
		外包工程应签定正式的工程、劳务承包合同	√		√	
		对承包队伍、租赁公司、劳务派遣公司进行资质审查，严格审查资质和安全生产许可证等	√		√	
		工程开工前对承包队伍、租赁公司、劳务派遣公司，以及售后服务、厂家技术指导、安装调试、试验人员按规定进行安全培训、考试合格和技术交底	√		√	

续表

序号	排查项目	排查内容与标准	专项检查		综合性检查	
			部门/月	部门/季度	单位/半年	单位/年
6	重大危险源管理	完善重大危险源安全管理规章制度，定期更新安全操作规程				√
		对设备设施或者场所进行重大危险源辨识、安全评估并确定重大危险源等级，建立重大危险源档案（安全管理）并及时更新，按照相关规定及时向政府和上级主管部门备案		√		√
		定期对重大危险源的安全设施和安全监测监控系统进行检测、检验，并进行维护、保养	√		√	
		明确重大危险源的责任人或者责任机构，并对重大危险源的安全生产状况进行定期检查，及时采取措施消除事故隐患	√		√	
		对重大危险源的管理和操作岗位人员进行安全操作技能培训，掌握本岗位的安全操作技能和应急措施		√		√
		制定重大危险源事故应急预案演练计划，对重大危险源专项应急预案，每年至少进行一次				√
7	隐患排查治理统计、建档及信息上报	定期进行隐患排查统计分析，隐患排查信息报表由相关负责人签字，并按照要求上报，并按时填报提交至“水利安全生产信息上报系统”	√		√	
		开展隐患排查工作，对排查出的隐患确定等级并登记建档，进行整改，实施闭环管理	√		√	
		对隐患排查治理过程进行监督检查，重大隐患实行挂牌督办	√		√	
8	应急管理	制定应急管理制度，建立以主要负责人为安全生产应急管理第一责任人的安全生产应急管理责任体系				√
		建立预警信息快速发布机制				√
		依法设置安全生产应急管理机构，并配备专职或者兼职安全生产应急管理人员和建立专（兼）职应急救援队伍				√
		单位应当制定本单位的应急预案演练计划，根据本单位的事故风险特点，每年至少组织一次综合应急预案演练或者专项应急预案演练，每半年至少组织一次现场处置方案演练		√	√	
		对应急预案进行定期培训，对重点岗位员工进行应急知识和技能培训，组织进行应急管理能力培训				√
		应急物资、设备专项管理和专项使用，建立台账，配备无线通信设备；易燃易爆区须配备防爆型通信设备，应急疏散指示标志和应急疏散场地标识配置合理，生产现场紧急疏散通道畅通	√		√	
		单位应当建立应急预案定期评估制度，定期评估应急预案，根据评估结果及时进行修订和完善，并按照有关规定将修订的应急预案报备				√

续表

序号	排查项目	排查内容与标准	专项检查		综合性检查	
			部门/月	部门/季度	单位/半年	单位/年
9	安全鉴定	水闸实行定期安全鉴定制度。首次安全鉴定应在竣工验收后5年内进行，以后应每隔10年进行1次全面安全鉴定。运行中遭遇超标准洪水、强烈地震、增水高度超过校核潮位的风暴潮、工程发生重大事故后，应及时进行安全检查，如出现影响安全的异常现象的，应及时进行安全鉴定。闸门等单项工程达到折旧年限，应按有关规定和规范适时进行单项安全鉴定				√
		1. 泵站有下列情况之一的，应进行全面安全鉴定：①建成投入运行达到20～25年；②全面更新改造后投入运行达到15～20年；③前两者规定的时间之后运行达到5～10年。2. 泵站出现下列情况之一的，应进行全面安全鉴定或专项安全鉴定：①拟列入更新改造计划；②需要扩建增容；③建筑物发生较大险情；④主机组及其他主要设备状态恶化；⑤规划的水情、工情发生较大变化，影响安全运行；⑥遭遇超设计标准的洪水、地震等严重自然灾害；⑦按照《灌排泵站机电设备报废标准》(SL 510—2011)的规定，设备需要报废的；⑧有其他需求的				√
		大坝实行定期安全鉴定制度，首次安全鉴定应在竣工验收后5年内进行，以后应每隔6～10年进行一次。运行中遭遇特大洪水、强烈地震、工程发生重大事故或出现影响安全的异常现象后，应组织专门的安全鉴定				√
10	安全标准化绩效评定和持续改进	每年至少开展一次安全生产标准化自查评工作，对照标准进行逐条检查核对				√
		形成安全生产标准化自查评报告，报告内容符合实际				√
		查评发现问题下发整改措施计划				√
		部门按照公司要求完成整改项目，并实行闭环管理				√
11	职业健康管理	制定完善并严格执行职业健康管理的制度，配备专职或者兼职的职业卫生管理人员，负责职业病防治工作				√
		建立职业健康监护档案并定期更新		√	√	
		组织开展职业卫生宣传和教育培训				
		采用有效的职业病防护设施，并提供符合防治职业病要求的职业病防护用品，建立劳动防护用品发放清册	√		√	
		易产生有毒、有害气体、高温、窒息的房间、受限空间内设置通风措施，工作时采取可靠的安全、检测专项措施	√		√	

续表

序号	排查项目	排查内容与标准	专项检查		综合性检查	
			部门/月	部门/季度	单位/半年	单位/年
12	交通安全管理	建立健全交通安全管理规章制度		√		√
		定期组织驾驶员进行安全技术培训				√
		对外包工程的车辆实施交通安全管理	√		√	
		大件运输、大件转场履行有关规程的规定程序，制订搬运方案和专门的安全技术措施，专人负责，并进行全面的安全技术交底	√		√	
		建立各类机动车辆（含电瓶车、叉车、铲车等）清册，车辆经专业检测部门检测合格	√			√
13	消防管理	建立禁火区动火管理制度及重点防火部位管理规定，在禁火区动火须办理动火工作票，严格执行出入登记制度	√		√	
		设置消防器材清册并定期检查、检验	√		√	

附录 B-1　某泵站危险源辨识评价成果表

序号	风险点名称（区域位置）	类别	项目	重大危险源	事故诱因	可能导致的后果	责任单位	管理处岗位责任人	管理处部门责任人	管理处主要负责人	管理局主要负责人	备注
1	某泵站	设备设施类	电气设备	配电设备（110 kV线路及主变）	设备失效	触电、短路、火灾、人员重大伤亡、设备损坏、影响泵站运行	某管理局	×××	×××	×××	×××	
2				配电设备（高压室）	设备失效	触电、短路、火灾、人员重大伤亡、设备损坏、影响泵站运行	某管理局	×××	×××	×××	×××	
3			特种设备类	起重设备	未经常性维护保养、自行检查和定期检验	设备严重损坏、人员伤亡	某管理局	×××	×××	×××	×××	
				电梯	未经常性维护保养、自行检查和定期检验	设备严重损坏、人员伤亡	某管理局	×××	×××	×××	×××	
4		作业活动类	作业活动	有限空间作业	违章指挥、违章操作、违反劳动纪律、未正确使用防护用品	人员淹溺、中毒，坍塌	某管理局	×××	×××	×××	×××	
5		管理类	运行管理	操作票、工作票，交接班、巡回检查、设备定期试验制度执行	未严格执行	工程及设备严重损（破）坏、人员重大伤亡	某管理局	×××	×××	×××	×××	

填表人：×××　　填表日期：2023 年 10 月 16 日　　审核人：×××　　审核日期：2023 年 10 月 16 日

附录 B-2　某泵站风险分级及管控成果表

风险点：某泵站　　危险源：交接班、巡回检查、设备定期试验制度执行　　类别：管理类　　序号：1

检查项目			不符合标准发生的事故类型及后果	风险分级	责任单位	管控层级	责任人	应有控制措施					备注
序号	名称	标准						工程技术措施	管理措施	培训教育措施	个体防护措施	应急处置措施	
1	交接班、巡回检查、设备定期试验制度执行	严格按照规程执行，使用安全工器具，作业现场的组织、技术措施和防护手段到位。	类型：未严格执行；后果：工程及设备严重损（破）坏、人员重大伤亡。	一级风险	某管理局	单位	×××	牵头解决工程技术难题	批准操作票制度、工作许可制度、工作监护制度、巡视检查制度、操作规程等	对管理处培训进行监督	保障安全风险分级管控工作所需人、财、物等资源的投入	编制综合应急预案及专项应急预案	
						部门	×××	配合解决工程技术难题	审核操作票制度、工作许可制度、工作监护制度、巡视检查制度、操作规程等	组织开展相关培训教育	1. 购置补充工作服、安全帽、绝缘手套、绝缘鞋等防护用品；2. 检查岗位责任人防护用品的佩戴情况	1. 编制现场处置方案，并进行演练；2. 接到应急信息，预判后上报管理局	
						班组	×××	配合解决工程技术难题	1. 制定操作票制度、工作许可制度、工作监护制度、巡视检查制度、操作规程等；2. 检查警示标志是否完好	对工作许可制度、工作监护制度、电气设备巡视检查制度、电气设备操作规程等进行培训	检查岗位责任人防护用品的佩戴情况	制定应急事故现场处置方案，定期演练	
						岗位	×××	配合解决工程技术难题	操作票制度、工作许可制度、工作监护制度、巡视检查制度、操作规程	参加管理处组织的培	正确穿戴工作服、安全帽、绝缘手套、绝缘鞋等防护用品	1. 立即上报；2. 现场人员应立即切断电源，按触电急救的具体方法和程序进行救护；3. 参加演练	

区域场所作业条件风险隐患排查清单

风险点					排查内容						日常检查	定期	特别	综合	专项	季节性	重大活动及节假日	事故类比	专业诊断性
编号	类型	名称	等级	责任单位	序号	名称	检查项目			排查标准	非汛期(非引水期):每周至少两次;汛期(引水期):每天至少一次/岗位	半年/单位	汛前、汛后、暴雨、大洪水、有感地震、强热带风暴、供水期前后、冰冻期或持续高水位等/部门	每年一次/单位	每年两次/部门	部门	按需/单位	按需/部门	首次运行5年内,然后每6～10年一次安全鉴定/单位
15	生产作业区	运行管理	四级风险	岗位	1	操作票、工作票检查	工程标准			需开具工作票和操作票;操作人员持闸门运行工证上岗	√			√	√	√		√	
							管理处	部门	技术措施	组织解决工程技术难题	√	√		√	√	√		√	
									管理措施	审核操作票制度、工作许可制度、工作监护制度、巡视检查制度、操作规程等				√			√		
									培训教育措施	组织编制年度教育培训计划并执行		√		√				√	
									个体防护措施	批准劳动保护用品采购,保障安全生产投入					√			√	
									应急处置措施	1. 立即上报;2. 现场人员应立即切断电源,按触电急救的具体方法和程序进行救护;3. 参加演练	√		√						
							科室	班组	技术措施	配合解决工程技术难题	√	√		√	√	√		√	
									管理措施	1. 编制操作票制度、工作许可制度、工作监护制度、巡视检查制度、操作规程等;2. 检查警示标志是否完好				√			√		

续表

风险点					排查内容						日常检查	定期	特别	综合	专项	季节性	重大活动及节假日	事故类比	专业诊断性
编号	类型	名称	等级	责任单位	序号	名称	检查项目			排查标准	非汛期(非引水期):每周至少两次;汛期(引水期):每天至少一次/岗位	半年/单位	汛前、汛后、暴雨、大洪水、有感地震、强热带风暴、供水期前后、冰冻期或持续高水位等/部门	每年一次/单位	每年两次/部门	部门	按需/单位	按需/部门	首次运行5年内,然后每6~10年一次安全鉴定/单位
15	生产作业区	运行管理	四级风险	岗位	1	操作票、工作票检查	科室	班组	培训教育措施	对工作许可制度、工作监护制度、电气设备巡视检查制度、电气设备操作规程等进行培训		√		√				√	
									个体防护措施	1. 购置补充工作服、安全帽、绝缘手套、绝缘鞋等防护用品;2. 检查岗位责任人防护用品的佩戴情况					√			√	
									应急处置措施	1. 立即上报;2. 现场人员应立即切断电源,按触电急救的具体方法和程序进行救护;3. 参加演练	√		√						
							岗位	管控措施	技术措施	配合解决工程技术难题	√	√		√	√	√		√	
									管理措施	1. 编制操作票制度、工作许可制度、工作监护制度、巡视检查制度、操作规程等;2. 检查警示标志是否完好				√			√		
									培训教育措施	参加工作许可制度、工作监护制度、电气设备巡视检查制度、电气设备操作规程培训		√		√				√	
									个体防护措施	正确穿戴劳动防护用品					√			√	
									应急处置措施	1. 立即上报;2. 现场人员应立即切断电源,按触电急救的具体方法和程序进行救护;3. 参加演练	√		√						

附表 C　隐患排查计划表

序号	排查类型	排查时间	排查目的	排查要求	排查范围	组织(责任)级别	排查人员	备注
1	日常隐患排查	管理处、(班组)岗位员工的交接班和班中巡检时,以及各种专业技术人员的日常工作中	及时发现和消除日常的事故隐患,确保工程运行及作业安全	按照隐患排查清单进行检查和巡查	主要检查设备、设施、场所和现场违章行为	管理处、(班组)岗位		
2	定期隐患排查	每年调水期前后,汛前、汛中、汛后期,冰冻期前后等	定期隐患应结合观测工作及有关分析资料进行,消除隐患,确保生产安全	按照隐患排查清单进行检查	对大坝、输水管道、泵站、水闸等各项设施进行定期排查	管理局、处		
3	特别隐患检查	工程非常运用和发生重大事故、特大暴雨洪水、台风、地震、等灾害时	排查非正常工况运行后的安全隐患,确保生产安全	按照隐患排查清单进行检查	对大坝、输水管道、泵站等各项设施进行全面排查	管理局、处		
4	综合性隐患检查	每季度	通过全面排查,发现和消除各类事故隐患,确保生产安全	按照隐患排查清单进行检查	以各级安全生产责任制、各项专业管理制度和安全生产管理制度落实情况为重点,进行全面排查	管理局、处		
5	专项隐患排查	每月	及时发现和消除各建筑物存在的各类问题和隐患,确保运行安全	按照隐患排查清单进行检查	对大坝、输水管道等重要建筑物及水泵、配电设施等重要设备进行隐患排查及全面检查	管理局、处		
6	季节性隐患排查	每季度	防范和消除季节性气候可能造成的各类隐患,确保施工安全	按照隐患排查清单进行检查	对所属区域内的设备、设施、人员等进行全面检查	管理局、处		
7	重大活动及节假日前隐患排查	重大活动及节假日期间	防范重大活动及节假日可能造成的各类隐患,确保生产安全	按照隐患排查清单进行检查	对生产是否存在异常状况和隐患、备用设备状态、备品备件、生产及应急物资储备、单位保卫、应急工作等进行检查,特别是要对节日期间干部带班值班、紧急抢修力量安排、备件及各类物资储备和应急工作进行重点检查	管理局		

续表

序号	排查类型	排查时间	排查目的	排查要求	排查范围	组织(责任)级别	排查人员	备注
8	事故类比隐患排查	同类单位或项目发生伤亡及险情等事故后	吸取事故经验,防范类似事故再次发生,确保生产安全	按照隐患排查清单进行检查	对同类型作业活动或设备设施进行全面检查	管理局、处		
9	专业诊断性检查(安全鉴定)	法规、规范及行业有关规定或工程实际需要	由专门的(资质)机构对水工建筑物的工程质量和安全性做出科学的评价,对症管控,保障水利工程安全运行	按照隐患排查清单进行检查	按规定对水库、水闸、泵站、渠系(堤防)等工程全面或部分安全鉴定评价	管理局		

附表 D　南水北调东线山东干线工程安全事故隐患检查表

检查人：　　　　　　　　　　　　　　时间：

目的	结合附录 A、附录 B，对生产过程中可能存在的危险因素、缺陷等进行查证，查找不安全行为、危险因素或缺陷存在状态、以及它们转化为事故的条件，制定整改措施，消除或控制隐患，确保达到安全生产要求				
要求	按照安全隐患检查表认真检查，查找安全隐患。对查出的问题及时整改，暂时无法整改的应制定有效的预防措施，并立即向领导汇报				
频次	按照相关规定、标准执行				
内容	见检查项目				
序号	检查项目	检查标准	检查方法（或依据）	检查评价	
				符合	不符合及主要问题
1	目标责任类	检查年度安全目标、各级责任制，保证措施、工作计划，并履行编、审、批手续等	现场查看文件等		
2	制度类	按照相关规定检查各类制度文件、配套记录、措施等是否齐全、合规等	现场查看文件等		
3	劳动纪律	检查有无违章指挥、违章作业、违反劳动纪律的现象	查现场、资料等		
4	安全教育	查班组安全活动，班组安全活动应有内容、有记录、有检查签字；特种作业人员是否持证上岗；对转岗、调岗及脱岗 15 天以上者是否进行班组级安全培训教育，教育是否有记录；对新员工是否进行三级安全培训，是否落实传帮带，班组员工是否进行互联，是否进行责任状签订；员工的安全培训是否按照班组计划进行培训，培训是否有记录，一人一档填写是否规范，培训是否有验证，培训不及格人员是否有处理结果并记录等	查现场、查记录		
5	外来施工及相关方管理	区域内是否有外来施工队伍，施工是否影响正常操作，是否落实分管区域内施工过程中的监督管理。交叉作业的安全距离是否满足要求。相关方的施工管理是否严格按照施工建设类的相关法规、规范标准执行并监督管理	查现场		
6	人员及现场管理	检查工作现场是否清洁、有序、员工劳动防护用品穿戴是否符合要求；应急及劳保用具是否定期维护保养，时刻处于备月状态等，检查各种安全设施是否处于正常使用状态；高处交叉作业场所与其他作业场所是否进行警示划分，是否存在高处抛扔物品现象。作业场所是否按规定设置警示标志、报警设施、冲洗设施及应急防护器具柜，柜内设施是否完好齐全，日常巡检是否有记录，记录是否齐全；员工精神状态是否良好，是否有酒后上岗及岗中饮酒现象，是否有禁烟区吸烟现象，是否有脱岗、离岗现象。班组是否针对现场突发事件进行现场处置演练，演练是否有记录，记录是否齐全；使用有毒、危化品作业场所是否进行警示区分，作业场所是否有饮食现象等	查现场、查记录		

续表

序号	检查项目	检查标准	检查方法（或依据）	检查评价	
				符合	不符合及主要问题
7	特殊作业	检查本班组动火作业、进入受限空间作业、高处作业等危险作业，是否进行作业许可，是否进行断电挂牌，现场是否设置监护人员，是否落实现场安全措施，动火作业是否清理现场可燃物，是否配置消防设施，涉及化学品工艺是否进行清洗置换、是否进行检测，其他特殊作业是否按照相关规范标准进行落实安全措施和备用器具	查现场、查记录		
8	工作流程	检查本班组各区域流程指标的执行和变化情况；检查管线及阀门工作状态，有无震动、松动、跑、冒、滴、漏、腐蚀、堵塞等情况；检查阀门开关是否灵活，是否有开关不到位、过紧、过松响动、内漏外流、腐蚀、堵塞等异常情况；检查有关设施有关异常情况	依据安全操作法检查现场和记录		
9	机械设备	检查运转设备的基础牢固情况、运转及润滑情况，各运转部件是否有异常响声，裸露的运转部件防护罩是否完好可靠，辅机及管线是否有震动，润滑油的油位变化情况；检查设备的运转状态；检查温度、压力、阻力、流量等是否在范围之内，液位指示是否准确。设备基础是否有油污存在。环保设施运行是否正常，是否有跑、冒、滴、漏现象，是否有废水外排现象，外排尾气是否正常，有无粉尘浮尘	依据干线公司有关要求及安全操作规程检查现场		
10	电气设备	检查电器设备的工作状态、电机声音是否增大、振动是否增强，保护接地是否牢靠，电机及轴承温度是否升高、电机及电器元件是否有火花及异常声音、气味，电流、电压等是否在指标范围内。检查本班组（工段）范围内的配电室门窗、玻璃、是否齐全。防火、防水、防小动物措施是否齐全，应急照明是否正常	依据有关要求及操作规程检查现场		
11	临时用电	检查是否有临时用电安全管理制度；检查是否有临时用电施工方案、验收和相关记录，是否防雷、保护接地；电缆敷设是否符合设计规范要求，现场用电设施是否采用三级配电，逐级保护；固定式配电箱（二级以上）必须设置围栏保护；检修是否使用合格的绝缘工具；是否有施工现场预防发生电气火灾的措施；检查是否电缆线有破皮、老化现象，是否有地爬线及拦腰线等严禁现象	安全操作规程检查现场		
12	控制（仪表）设备	检查各类仪表的工作状态，指示是否准确，反应是否灵敏，仪表及阀门动作是否统一。在条件变化的情况下仪表是否有变化，变化是否在符合的范围内，有无锈蚀、松动等	操作规程检查现场		
13	关键装置及重点部位	关键装置及重点部位是否确定责任人，设备设施运行是否正常，各监测报警装置运行是否完好，安全附件是否在检测期内并运行正常，日常安全检查记录是否齐全，各安全阀是否按照要求进行手动测试，是否有记录	查现场、查记录		

续表

序号	检查项目	检查标准	检查方法（或依据）	检查评价	
				符合	不符合及主要问题
14	特种设备	各特种设备是否正常，紧固螺栓是否松动，设备运行是否有异响，是否漏油，U 型环、吊环、链条是否磨损，灯光喇叭是否正常、门架是否腐蚀损坏，各行车是否清洁，各安全控制装置是否正常。是否有日常检查记录，记录是否齐全，有无漏检现象	查现场、查记录		
15	消防设施	各种通道是否畅通无阻，应急灯具是否完好无损，区域内消防栓开启灵活，出水正常，排水良好，出水口扪盖、橡胶垫圈齐全完好。消防枪消防水带等完好。消防水管管径及消防栓的配备数量和地点应符合标准。消防柜内器材附件完好无损。消防通道畅通无阻，消防水管保温良好。各类灭火器材、消防设施是否完好，是否定点足量放置，是否对应类别，是否按照要求进行月度检查，记录是否齐全	查现场、查记录		
16	防雷、照明、给排水等	检查照明、防雷设施是否规范、正常，给排水系统是否有跑、冒、滴、漏、污水外漏现象等	安全操作规程检查现场		
17	警示标志	区域内的警示标志和告知牌是否完好无损；警示牌是否保持整洁，警示标识牌是否配备齐全，是否存在未配置或配置不足的现象	查现场、查记录		
18	场区、食堂	检查相关设施设备、检查用电、用气、用水是否规范、安全	检查现场		

附录 E　水利工程运行管理生产安全重大事故隐患清单指南(2023 版)

水利工程运行管理生产安全重大事故隐患清单指南

序号	管理对象	隐患编号	隐患内容
1	水利工程通用	SY-T001	有泄洪要求的闸门不能正常启闭；泄水建筑物堵塞，无法正常泄洪；启闭机自动控制系统失效
2		SY-T002	有防洪要求的工程未按照设计和规范设置监测、观测设施或监测、观测设施严重缺失；未开展监测观测
3	水库大坝工程	SY-K001	大坝安全鉴定为三类坝，未采取有效管控措施
4		SY-K002	大坝防渗和反滤排水设施存在严重缺陷；大坝渗流压力与渗流量变化异常；坝基扬压力明显高于设计值，复核抗滑安全系数不满足规范要求；运行中已出现流土、漏洞、管涌、接触渗漏等严重渗流异常现象；大坝超高不满足规范要求；水库泄洪能力不满足规范要求；水库防洪能力不足
5		SY-K003	大坝及泄水、输水等建筑物的强度、稳定性、泄流安全性不满足规范要求，存在危及工程安全的异常变形或近坝岸坡不稳定现象
6		SY-K004	有泄洪要求的闸门、启闭机等金属结构安全检测结果为“不安全”，强度、刚度及稳定性不满足规范要求；或维护不善，变形、锈蚀、磨损严重，不能正常运行
7		SY-K005	未经批准擅自调高水库汛限水位；水库未经蓄水验收即投入使用
8	水电站工程	SY-D001	小型水电站安全评价为C类，未采取有效管控措施
9		SY-D002	主要发供电设备异常运行已达到规程标准的紧急停运条件而未停止运行；可能出现六氟化硫泄漏、聚集的场所，未设置监测报警及通风装置；有限空间作业未经审批或未开展有限空间气体检测
10	泵站	SY-B001	泵站综合评定为三类、四类，未采取有效管控措施
11	水闸工程	SY-Z001	水闸安全鉴定为三类、四类闸，未采取有效管控措施
12		SY-Z002	水闸的主体结构不均匀沉降、垂直位移、水平位移超出允许值，可能导致整体失稳；止水系统破坏
13		SY-Z003	水闸监测发现铺盖、底板、上下游连接段底部淘空存在失稳的可能
14	堤防工程	SY-F001	堤防安全综合评价为三类，未采取有效管控措施
15		SY-F002	堤防渗流坡降和覆盖层盖重不满足标准的要求，或工程已出现严重渗流异常现象
16		SY-F003	堤防及防护结构稳定性不满足规范要求，或已发现危及堤防稳定的现象
17	引调水及灌区工程	SY-YG001	渡槽及跨渠建筑物地基沉降量超过设计要求；排架倾斜较大，水下基础露空较大，超过设计要求；渡槽结构主体裂缝多，碳化破损严重，止水失效，漏水严重
18		SY-YG002	隧洞洞脸边坡不稳定；隧洞围岩或支护结构严重变形
19		SY-YG003	高填方或傍山渠坡出现管涌等渗透破坏现象或塌陷、边坡失稳等现象
20	淤地坝工程	SY-NK001	下游影响范围有村庄、学校、工矿等的大中型淤地坝无溢洪道或无放水设施；坝体坝肩出现贯通性横向裂缝或纵向滑动性裂缝；坝坡出现破坏性滑坡、塌陷、冲沟，坝体出现冲缺、管涌、流土；放水建筑物(卧管、竖井、涵洞、涵管等)或溢洪道出现损毁、断裂、坍塌、基部淘刷、悬空

附录 F　风险辨识评价方法

1. 作业条件危险性分析法(LEC)

对风险进行定性、定量评价，根据评价结果按从严从高的原则判定评价级别(参见《水利水电工程施工危险源辨识与风险评价导则(试行)》办监督函〔2018〕1693 号)。

作业条件危险性分析评价法(简称 LEC)。L(Likelihood，事故发生的可能性)、E(Exposure，人员暴露于危险环境中的频繁程度)和 C(Consequence，一旦发生事故可能造成的后果)。给三种因素的不同等级分别确定不同的分值，再以三个分值的成绩 D(Danger，危险性)来评价作业条件危险性的大小。

即：

$$D = L \times E \times C$$

式中：D——危险源带来的风险值，值越大，说明该作业活动危险性大、风险大；

L——发生事故的可能性大小；

E——人员暴露在这种危险环境中的频繁程度；

C——一旦发生事故会造成的损失后果。

不同水利工程运行管理单位按照实际情况制定本单位赋值及判定标准。

参数赋值示例：

事故发生可能性(L)分值表

分数值	事故发生的可能性
10	完全可以预料
6	相当可能；或危害的发生不能被发现(没有监测系统)；或在现场没有采取防范、监测、保护、控制措施，或危害的发生不能被发现(没有监测系统)，或在正常情况下经常发生此类事故或事件或偏差
3	可能但不经常；或危害的发生不容易被发现，现场没有监测系统，也未发生过任何监测，或在现场有控制措施，但未有效执行或控制措施不当，或危害常发生或在预期情况下发生
1	可能性小，完全意外；或没有保护措施(如没有保护装置、没有个人防护用品等)，或未严格按操作程序执行，或危害的发生容易被发现(现场有监测系统)，或曾经做过监测，或过去曾经发生类似事故或事件，或在异常情况下类似事故或事件
0.5	很不可能，可以设想；或危害一旦发生能及时发现，并定期进行监测
0.2	极不可能，或现场有充分有效的防范、控制、监控、保护措施，并能有效执行，或员工安全卫生意识相当高，严格执行操作规程
0.1	实际不可能

注：不同水利工程运行管理单位按照实际情况制定本单位标准。

暴露于危险环境的频繁程度(E)分值表

分数值	暴露于危险环境中的频繁程度
10	连续暴露
6	每天工作时间内暴露

续表

分数值	暴露于危险环境中的频繁程度
3	每周一次或偶然暴露
2	每月一次暴露
1	每年几次暴露
0.5	非常罕见地暴露

发生事故产生的后果(C)分值表

分数值	发生事故产生的后果	
	人员伤亡	直接经济损失(万元)
100	10 人以上死亡	300～1 000
40	3～9 人死亡	100～300
15	1～2 人死亡	20～100
7	严重	5～20
3	重大、伤残	1～5
1	引人注意	≤1

计算结果(D)对应风险等级划分表

分数值	风险级别	风险等级	风险颜色	危险程度
＞320	一级风险	重大风险	红	极其危险
160～320	二级风险	较大风险	橙	高度危险
70～160	三级风险	一般风险	黄	显著危险
＜70	四级风险	低风险	蓝	一般危险

2. 风险矩阵法(LS)

对于可能影响工程正常运行或导致工程破坏的一般危险源，由管理单位不同管理层级以及多个相关岗位的人员共同进行风险评价，采用此方法。

风险矩阵法(LS)的数学表达式为：

$$R = L \times S$$

式中：R——风险值；

L——事故发生的可能性；

S——事故造成危害的严重程度。

L 值的取值过程与标准：

L 值应由管理单位三个管理层级(分管负责人、岗位负责人、运行管理人员)、多个相关岗位(运管、安全或有关岗位)人员按照以下过程和标准共同确定：

第一步：由每位评价人员根据实际情况和 L 值取值标准表，参照《导则》上的附件 5、附件 6 初步选取事故发生的可能性数值(以下用 L_c 表示)。

L 值取值标准表

	一般情况下不会发生	极少情况下才发生	某些情况下发生	较多情况下发生	常常会发生
L 值	3	6	18	36	60

第二步：分别计算出三个管理层级中，每一层级内所有人员所取 L_c 值的算术平均数 L_{j1}、L_{j2}、L_{j3}。

其中：j_1 代表分管负责人层级；

j_2 代表岗位负责人层级；

j_3 代表管理人员层级。

第三步：按照下式计算得出 L 的最终值。

$$L=0.3\times L_{j1}+0.5\times L_{j2}+0.2\times L_{j3}$$

S 值取值标准：

S 值应按标准计算或选取确定，具体分为以下两种情况：

在分析水库工程运行事故所造成危害的严重程度时，应综合考虑水库水位 H 和工程规模 M 两个因素，用两者的乘积值 V 所在区间作为 S 取值的依据；对于坝后式水电站宜综合考虑水库水位 H 和工程规模 M 两个因素，用两者的乘积值 V 所在区间作为 S 取值的依据。

V 值计算表

水库水位 H		工程规模 M				
		小(2)型	小(1)型	中型	大(2)型	大(1)型
		取值 1	取值 2	取值 3	取值 4	取值 5
$H\leqslant$死水位	取值 1	1	2	3	4	5
死水位$<H\leqslant$汛限水位	取值 2	2	4	6	8	10
汛限水位$<H\leqslant$正常蓄水位	取值 3	3	6	9	12	15
止常蓄水位$<H\leqslant$防洪高水位	取值 4	4	8	12	16	20
$H>$防洪高水位	取值 5	5	10	15	20	25

水库工程 S 值取值标准表

V 值区间	危害程度	水库工程 S 值取值
$V\geqslant 21$	灾难性的	100
$16\leqslant V\leqslant 20$	重大的	40
$11\leqslant V\leqslant 15$	中等的	15
$6\leqslant V\leqslant 10$	轻微的	7
$V\leqslant 5$	极轻微的	3

在分析水闸工程运行事故所造成危害的严重程度时，仅考虑工程规模这一因素，S 值应按照下表取值。

水闸工程 S 值取值标准表

工程规模	小(2)型	小(1)型	中型	大(2)型	大(1)型
水闸工程 S 值	3	7	15	40	100

一般危险源风险等级划分：

按照上述内容，选取或计算确定一般危险源的 L、S 值，由上公式计算 R 值，再按照下表确定风险等级。

一般危险源风险等级划分标准表-风险矩阵法(LS 法)

R 值区间	风险程度	风险等级	颜色标示
$R>320$	极其危险	重大风险	红
$160<R\leqslant320$	高度危险	较大风险	橙
$70<R\leqslant160$	中度危险	一般风险	黄
$R\leqslant70$	轻度危险	低风险	蓝

根据《水利水电工程(水电站、泵站)运行危险源辨识与风险评价导则(试行)》(办监督函〔2020〕1114 号)中风险矩阵法的相关内容，摘录水电站、泵站风险评价时参数表如下。

L 值取值标准表

	一般情况下不会发生	极少情况下才发生	某些情况下发生	较多情况下发生	常常会发生
L 值	5	10	30	60	100

坝后式水电站 S 值取值标准表

V 值区间	危害程度	水库工程 S 值取值
$V\geqslant21$	灾难性的	15
$16\leqslant V\leqslant20$	重大的	10
$11\leqslant V\leqslant15$	中等的	7
$6\leqslant V\leqslant10$	轻微的	5
$V\leqslant5$	极轻微的	3

除坝后式水电站外，在分析水电站、泵站工程运行事故所造成危害的严重程度时，以工程规模或等别作为 S 取值的依据，S 值应按照下表取值。

水电站、泵站工程 S 值取值标准表

工程规模或等别	小(2)型或Ⅴ	小(1)型或Ⅳ	中型或Ⅲ	大(2)型或Ⅱ	大(1)型或Ⅰ
S 值	3	5	7	10	15

对于利用塘坝(库容 10 万 m^3 及以下)蓄水发电的水电站，其挡水建筑物的一般危险源辨识及风险评价，应按与水电站同等工程规模水库挡水建筑物的有关方法执行(详见《水利水电工程(水库、水闸)运行危险源辨识与风险评价导则》)。

参考文献

[1] 徐志胜,姜学鹏.安全系统工程[M].3版.北京:机械工业出版社,2017.

[2] 李爽,贺超,王维辰,等.安全双重预防机制百问百答[M].徐州:中国矿业大学出版社,2022.

[3] 刘昌军,吕娟,任明磊,等.数字孪生淮河流域智慧防洪体系研究与实践[J].中国防汛抗旱,2022,32(1):47-53.

[4] 蒋永清,刘月婵.安全生产智能化保障技术[M].北京:机械工业出版社,2020.

[5] 马福恒,谈叶飞,胡江,等.水闸安全管理与长效服役技术[M].北京:中国水利水电出版社,2021.